Wasserläufe
und
Springbrunnen

Wasserläufe
und
Springbrunnen

Philip Swindells

Wasserläufe & Springbrunnen

Studiofotograf: Neil Sutherland
Konzept der Reihe Faszination,
Gestaltung und Herstellung: bede-Verlag
E-Mail: info@bede-verlag.de

Übersetzung aus dem Englischen durch Herprint International CC, Südafrika.

Der Verfasser
Philip Swindells ist ein Experte für Wassergärtnerei und kann auf langjährige Erfahrungen mit der Kultivierung von Wasserpflanzen in vielen Teilen der Welt zurückblicken. Seine Ausbildung erhielt er im Botanischen Garten der Universität von Cambridge und der berühmten Wassergärtnerei Perrys in Enfield, bevor er schließlich zum Kurator des Harlow Carr Botanischen Gartens in Harrogate ernannt wurde. Er ist der Verfasser zahlreicher Veröffentlichungen zum Thema Wassergärtnerei. Philip war darüber hinaus eine Zeit lang der Redakteur des „Water Garden Journal" der International Waterlily Society, die ihm 1994 einen festen Platz in ihrer Ruhmeshalle einräumte. 1990 erhielt er ein Stipendium der International Plant Propagator's Society für seine Pionierarbeit zur Vermehrung von Seerosen.

Danksagung
Die Verleger möchten den folgenden Personen ihren Dank für die wertvolle Hilfe und Ratschläge bei den Vorbereitungen zu diesem Buch aussprechen: Anthony Archer-Wills, Gail Paterson und Emma Spicer von den New Barn Aquatic Nurseries (West Chiltington), Gill Page von der Murrells Nursery (Pulborough), Graham Quick für seine Hilfe beim Bau der Wasserfälle, „G" und Kollegen bei der Old Barn Nurseries (Horsham), Graham und Howard Healey von der Four Seasons Bonsai Nursery (East Peckham), sowie Stuart Thraves von Blagdon's (Bridgewater).

Inhalt

Einleitung

Fließendes Wasser übt auf uns stets eine gewisse Faszination aus. Es schlägt uns in all seiner Sanftheit oder Wildheit in seinen Bann, sei es nun das Plätschern des Wassers in einem steinigen Bachlauf, das seichte Rauschen eines Wassergefälles oder das Tosen einer Wassermühle. Moderne Technologie hat das Bewegen von Wasser einfach gemacht, und uns stehen heute eine große Auswahl an einfach zu installierenden Teichpumpen und ein enormes Angebot an Zubehör zur Verfügung. Ob Ihnen nun ein einfacher Wasserfall oder Springbrunnen oder ein synchron zu Musik und Lichtorgel tanzendes Wasserspiel vorschwebt, es stehen Ihnen heute alle Möglichkeiten offen. Und das Beste daran ist, dass die meisten technischen Lösungen problemlos in einem nahegelegenen Gartencenter erhältlich sind.

Obwohl Fließwasseranlagen zweifelsohne eine Bereicherung für den Garten sind – insbesondere, soweit es die Geräuschkulisse und optische Kontraste angeht – fordern sie einen Preis. Viele der beliebtesten Wasserpflanzen mögen kein Fließwasser. Man muss sich also von vornherein Gedanken darüber machen, wie der Wasserlauf zu gestalten ist, damit das Ansiedeln von Pflanzen kein Problem darstellt.

Die in Wassergärten verwendeten Wasserpflanzen gehören zwei unterschiedlichen Gruppen an: natürlich in ruhigen Teichen und stehenden Gewässern wachsende Arten und Uferpflanzen, die schneller fließendes Wasser sowie sich verändernde Wasserstände tolerieren. Die erste Gruppe umfasst Seerosen und submerse Arten wie die Zweireihige Wasserähre, *Aponogeton distachyos*, und die Seekanne, *Nymphoides peltata*, während die zweite Gruppe die meisten der Ufergewächse wie *Iris* und Sumpfbinse einschließt. Schwimmpflanzen sind für Fließgewässer völlig ungeeignet, denn sie werden lediglich zu einen Haufen zusammengespült, der sich dann an einem Ende des Teichs wiederfindet. Submerse Pflanzen bereiten diesbezüglich keine Probleme. Egal, welche Art von Fließgewässer Sie bevorzugen und wie turbulent die Wasserbewegung auch sein mag, es gibt immer ein paar Pflanzen, die sich perfekt an die gegebene Situationen anzupassen vermögen. Es ist nur so, dass Fließwasser die Auswahl einschränkt.

In vielen Fällen ist das Ziergewässer die eigentliche Attraktion, auf die die Pflanzen kaum oder keinen Einfluss haben. Man kann mit Recht sagen, dass Wasser mittels der verfügbaren Technologie derart manipuliert werden kann, dass aus einer Wasserfontäne eine kunstvoll gestaltete Flüssigskulptur wird. Stellt man sich nun noch eine farbige Unterwasserbeleuchtung dazu vor, wird die Vielfalt der Möglichkeiten deutlich.

Natürlich sind die zahllosen, im Zusammenhang mit der Bewegung von Wasser angebotenen Produkte lediglich ein Mittel zum Zweck. Mit ein paar guten Ideen und einfach erhältlichen Baustoffen ist es ebenso durchaus möglich, wirklich fantasievolle Kreationen zu schaffen. Andererseits bevorzugen viele Gärtner ein Nachgestalten der Natur. Mit einer zuverlässigen modernen Pumpe, der neuesten Teichfolie und vorgefertigten Kaskadenbauteilen ist es durchaus möglich, ein naturgetreues Ziergewässer zu schaffen, das scheinbar schon seit Urzeiten existiert.

oben ... *Dieses sehr schöne und ausgefallene Wasserspiel wurde von Simon Percival für die Chelsea Gartenschau entworfen. Die Symmetrie der Kreation wird von den Reflektionen deutlich unterstrichen.*

rechts ... *Dieser Garten wird dank des geschmackvoll bepflanzten Bachlaufs zur Landschaft.*

Natürliche Wasserfälle

Es gibt kaum ein attraktiveres Ziergewässer für den Garten als einen natürlich aussehenden Wasserfall. Sich seicht über ausgewaschene Felsen und Steine ergießendes Wasser, das in einen von Schilfrohr- und Binsenbeständen umrahmten Teich mit oder ohne farbenprächtige Goldfische fließt, bringt nicht nur Bewegung in den Garten, sondern schafft auch eine zauberhafte Geräuschkulisse und die Möglichkeit zu echter Kreativität.

Ein natürlicher Wasserfall ist für den Wassergärtner vermutlich das schönste aller möglichen Wasserfall- und Kaskadensysteme. Jedoch erfordert ein naturgetreues, sich wie nahtlos in den Garten einfügendes Ziergewässer einiges an Überlegung und Geschicklichkeit.

unten ... *Ein schöner, naturgetreuer, aus Felsen der Umgebung erschaffener Wasserfall, der scheinbar über lange Zeit hinweg entstanden ist.*

Das Landschaftsrelief des Gartens ist dabei ein immens wichtiger Aspekt für das Gelingen. Offensichtlich bietet ein von Natur aus vorhandener Hang eine sehr schöne Grundlage für einen Wasserfall. Müssen aber erst Erdmassen bewegt werden, um einen geeigneten Hang anzulegen, ist bei der sinnvollen Skulpturierung des Erdreichs einiges an wohldurchdachter Planung nötig.

Die auszuwählenden Felsen und Steine müssen, damit sie natürlich erscheinen, aus der eigentlichen Umgebung stammen. Auch die Qualität der Steine ist wichtig, denn der stete Kontakt mit Wasser kann im Winter zu Rissen und Abschälungen führen. Außerdem sollte der Steinhändler bestätigen können, dass die vorgesehenen Arten von Steinen nicht irgendwelchen gesetzlichen Schutzbestimmungen unterliegen. Heutzutage sind auch viele Kunststeine erhältlich, die nur sehr schwer von den natürlichen zu unterscheiden sind.

Pflanzen sind für die Gestaltung von Wasserfällen sehr wichtig. Die Auswahl ist etwas eingeschränkt, da etliche Arten und Zuchtformen kein fließendes Wasser vertragen. Es gibt aber ausreichend viele schöne und farbenprächtige Sorten, die als Uferbepflanzung gut geeignet sind und dadurch Frühlings- und Sommerakzente setzen.

links ... *Bei diesem traditionellen Wasserfall wurden alle Elemente vorteilhaft genutzt. Er spiegelt die formlose Naturnähe des Gartens wider. Obwohl künstlich angelegt, bietet das sehr schöne Arrangement zahlreichen Pflanzen die Möglichkeit sich auszubreiten.*

Künstliche Wasserfälle

Bei der Konstruktion eines natürlich erscheinenden Wasserfalls sind viele Regeln zu beachten, wenn er wie von Natur geschaffen wirken soll. Bei einem künstlichen Wasserfall kann man dagegen der Fantasie freien Lauf lassen, was nicht nur auf die Einteilung, sondern auch auf die verwendeten Materialien zutrifft. In dieser Hinsicht können die meisten harten Baustoffe wie Steine, Schieferplatten, Beton und Glas über Metall und Steinfliesen bis hin zu Holz verwendet werden. Die Möglichkeiten für kreative Designs sind nahezu grenzenlos.

Zu den wichtigsten Punkten beim Anlegen eines künstlichen Wasserfalls gehören die Lichtverhältnisse. Sie sind einerseits für die eventuell anzusiedelnden Pflanzen, aber in erster Linie für den optischen Effekt des Fließwassers von fundamentaler Bedeutung. Auch der schönste und ausgeklügeltste Wasserfall wird ohne eine perfekte Ausnutzung der Lichtreflexe einfach nur durchschnittlich wirken.

Am einfachsten und zuverlässigsten lässt sich ein künstlicher Wasserfall aus Fertigbauteilen konstruieren. Standardisierte Teile machen die Berechnung der benötigten Wassermengen einfach, und oftmals werden einem auch noch viele Überlegungen abgenommen, so dass die Installation der aus einem Fertigbausatz ähnelt. Die fantasievolleren Varianten verlangen aber tiefergreifende Planungen und Überlegungen.

Es ist tatsächlich so, dass selbst bei einem sehr einfach zu konstruierenden künstlichen Wasserfall die Planung ebenso viel Zeit in Anspruch nimmt wie der eigentliche Bau. Wenn Fehler erst in einem bereits fortgeschrittenen Baustadium augenfällig werden, wird das Ganze zum Albtraum. Ernste Probleme treten jedoch gewöhnlich nur dann auf, wenn die Ambitionen des Planers physikalischen Gesetzmäßigkeiten zuwider laufen. Die eigentlichen Baustoffe sind von untergeordneter Bedeutung – viel wichtiger ist, dass die Wasserverteilung und der für einen eindrucksvollen Wasserschleier oder -fall erforderliche Wasserfluss vorher genau berechnet wurden.

links ... *Für einen gleichmäßigen Wasserschleier muss die Abrisskante der Kaskadenstufe absolut eben und glatt sein. Unebenheiten im Stein verursachen Turbulenzen. Uferpflanzen bilden einen attraktiven Teichrahmen, mögen aber keine direkte Strömung.*

oben ... *Eine schöne, von Blattpflanzen umrahmte Kaskade am Ende einer Wasserrinne. Ein perfekter Wasserschleier wird nur mit einer ausreichend starken Pumpe mit großem Umwälzvolumen erreicht.*

gegenüberliegende Seite ... *Eine charmante Kette förmlicher Wasserfälle mit harmonischer, dabei aber lockerer Bepflanzung. Bei einer solchen Anlage ist die Durchflussmenge genau zu berechnen. Der zu überwindende Höhenunterschied setzt eine starke Pumpe voraus.*

Kanäle und Rinnen

Zierkanäle und -rinnen sind recht künstliche, trotzdem aber attraktive Arten von Fließgewässern für den Garten. Sie sind mit Absicht förmlich und bilden anstelle eleganter Bögen oder Windungen gerade Linien und Winkel.
Eine Rinne ist im Prinzip ein sehr schmaler, flacher Kanal. Diese Form von Ziergewässer eignet sich gut zur Abgrenzung und Unterstreichung anderer Landschaftsstrukturen oder kann als schmaler, seichter Wasserlauf dem Selbstzweck dienen. Das melodiöse Plätschern des Wassers, das ähnlich wie Quecksilber durch und um bepflanzte Flächen fließt, ist oft der einzige Hinweis auf seine Existenz und verleitet zu näherer Betrachtung.
Kanäle haben in dieser Hinsicht einen anderen Charakter. Manchmal sind es förmlich konstruierte Gräben, die große Wassermengen von einem Punkt zum anderen bewegen und oft Wasserfälle speisen oder Wasserräder bewegen. Gelegentlich wird auch ein natürlicher Wasserlauf in einen Kanal umgestaltet. Diese Möglichkeit bietet sich vor allem dann an, wenn sich der Bach durch einen überwiegend förmlich gestalteten Garten zieht. Bei einer solchen Umgestaltung ist darauf zu achten, dass die Durchflussmenge des Wassers nicht beeinträchtigt wird, denn dies könnte sich negativ auf flussab- und flussaufwärts liegende Nachbargrundstücke auswirken.
Meistens dienen Kanäle dem förmlichen Ein- oder Abteilen eines Gartens. Sie werden auch gerne dort eingesetzt, wo verschiedene Ebenen gewünscht sind. Es gibt nicht viele Pflanzen, die in einem Kanal gedeihen würden, doch sie würden ohnehin nur für wenige dieser Kreationen eine Bereicherung darstellen.

links ... *Die streng symmetrische Anordnung von Wasserflächen in Form kleiner, rechtwinkliger, durch Rinnen verbundener Teiche dient der Einteilung des Gartens in unterschiedlich bepflanzte Sektionen. Die Bewegung und die von fließendem Wasser verursachten Geräusche verleihen der kantig gestalteten Landschaft Leben.*

rechts ... *Dieser Kanal ist breit genug, um schöne Reflexe zu produzieren. Die große Durchflussmenge schafft gleichzeitig einen schönen Wasserschleier. Dieses ansprechende Ziergewässer stellt allerdings hohe Pflegeansprüche.*

Ein Kanal ist einfach eine unausgeschmückte, förmliche Art von Fließgewässer. Allerdings können bei der Konstruktion viele unterschiedliche Baustoffe wie farbige Steinfliesen, Schieferplatten oder Mosaiksteine verwendet werden. Der optische Reiz sollte daher das verwendete Material und nicht ein fruchtloser Versuch einer Bepflanzung sein.

oben … *Eine Wasserrinne muss Substanz haben, damit sie wirkt. Dieser schöne, von Steinen eingefasste, im Halbschatten liegende Miniaturkanal bietet mit seinem flachen Wasserlauf über steinigem Grund viele Blickfänge. Die Natursteinplatten reichen direkt bis an den Rand und ermöglichen einen Zugang zum Wasser.*

Kaskaden und Wasserterrassen

Für den Anhänger einer vollen, artenreichen, wassergebundenen Bepflanzung ist Fließwasser in einem ruhigen, gewundenen Bachlauf, einem plätschernden Wasserfall oder einer wohlklingenden Quelle verkörpert. Solche Ziergewässer passen bestens in eine gesunde, ökologisch ausgewogene Umgebung und unterstreichen die friedliche Ruhe, welche von denen, die das Formlose und Natürliche lieben, bevorzugt wird. Dennoch muss ein Fließgewässer in einem Garten nicht zwangsläufig in einer naturnahen Weise angelegt werden. Tatsächlich kann es mit einiger Fantasie selbst zu einem lebendigen Spektakel werden, das, obwohl es selbst frei von belebter Natur ist, dennoch den Garten zum Leben erweckt. Schnell fließendes, in rauschenden Kaskaden fallendes Wasser ist aufregend, und obwohl es meistens an die großen Wasserterrassen und Kaskadenbrunnen der europäischen Parks und Gärten aus dem 18. und 19. Jahrhundert erinnert, können diese in bescheidenerer, aber ebenso aufregender Form selbst in einem kleinen Garten nachgebaut werden.

Kaskaden und Wasserterrassen müssen nicht irgendwo herkommen oder hinführen. Sie müssen auch kein fließendes Wasserkunstspektakel darstellen. Es ist das weiß schäumende, stürzende oder als durchsichtiger Schleier fallende Wasser selbst, das den Hauptanziehungspunkt der Anlage darstellt.

Mittels einer Pumpe, die mit Hochdruck Luft in das fließende Wasser pumpt, kann auch auf sehr begrenztem Raum der Eindruck von sprudelndem Wasser entstehen. Moderne Tauchpumpen sind vergleichsweise klein und haben trotzdem eine große Umwälzleistung. Mit einer solchen einen tosenden Wasserstrom oder breiten Schleier aus fallendem Wasser zu erzeugen, hat nur wenig mit den Problemen gemeinsam, denen sich unsere Vorfahren gegenüber sahen, als noch die Installation spezieller Rohrleitungen und Pumpenkammern zwingend notwendig war.

__rechts ...__ Eine herrliche Reihe von aufeinander folgenden Kaskaden, die einen durch eine saftige Bergwiese fließenden Gebirgsbach darstellt.

__oben ...__ Fließendes Wasser mildert die Rauheit der großen Felsen in dieser bestechenden Gartenlandschaft. Für einen ständigen Kontakt mit Wasser sind solche Felsen zu verwenden, die auch Frost standhalten.

__links ...__ Ein moderner, künstlich gestalteter Kanal. Für den spektakulären Effekt wurden moderne Baustoffe wie Ziegel und Spiegel benutzt. Sicherlich nichts für Jedermann.

Bäche und Rinnsale

Ein Bach oder Rinnsal ist das natürlichste Fließgewässer. Wohl dem Gärtner, der einen solchen Naturwasserlauf auf seinem Grundstück hat und lediglich eine geschmackvolle Bepflanzung anlegen oder vielleicht eine geringfügige Veränderung des Verlaufs durchführen muss; umso besser, wenn der Bach dann auch noch das ganze Jahr über Wasser führt.
Ein idyllischer Bachlauf durch den Garten, der von einer Quelle gespeist und nicht von Regenfällen abhängig ist, ist ein erstklassiges Ziergewässer.

unten ... *Ein zauberhafter, über ein Kiesbett plätschernder Bachlauf. Der Wasserverlauf wird durch strategisch platzierte Steine geteilt.*

Von Regenfällen oder der Schneeschmelze abhängige Fließgewässer sind hingegen relativ unberechenbar. Ihnen fehlt es an Gleichmäßigkeit, sie können einerseits über die Ufer treten oder im Sommer austrocknen. Solche Bäche sind mit fundamentalen Problemen behaftet und nur mit großem Aufwand in einen gepflegten Garten zu integrieren.
Der beste Bachlauf ist somit einer, der nicht von den Launen der Natur abhängig ist und so konstruiert wurde, dass er in der vom Gärtner festgelegten Lage seine ihm zugedachte Aufgabe erfüllt. Durch exaktes Berechnen und eine sorgfältige Bauausführung kann jedoch ein natürlich aussehender künstlicher Bachlauf entstehen, der stets klares Wasser führt und nicht von Naturgewalten beeinflusst wird.

links ... *Obwohl dieser künstliche Bachlauf den Garten zweiteilt, kann er dank der versteckten Brücke von allen Seiten bewundert werden.*

unten ... *Die schönsten Bachläufe liegen gewöhnlich an einem natürlichen Hang.*

Ein Bachlauf muss nicht irgendwo herkommen oder hinführen. Er kann aus einem Felshaufen entspringen und auf gleichem Wege versickern, obwohl es optisch attraktiver ist, wenn er mit einen Teich kombiniert wird. Es spielt dabei keine Rolle, ob dieser ober- oder unterhalb des Bachs angelegt ist. Mit den heute zur Verfügung stehenden Baustoffen, die von flexibler Teichfolie bis hin zu aus Kunststoff gegossenen Bachbetten reichen, ist das Anlegen eines Bachlaufs beinahe zu einem Kinderspiel geworden, das zudem noch größte Aussichten auf Erfolg hat.

Uferanlagen

Fließendes Wasser muss nicht zwangsläufig die Form eines Teichs, Bachlaufs oder Wasserfalls haben. Mit einer simplen Bachlaufpumpepumpe ist es durchaus möglich, Wasser über eine Leitung von einem Punkt eines Gewässers zu einer Uferanlage zu befördern, von wo es dann wieder in selbiges zurückfließt. Es gibt viele verschiedene klassische Dekorationsobjekte, die entweder in oder neben der Wasserquelle aufgestellt werden können und aus denen das Wasser als Fontäne oder Kaskade austritt. Für den modernen Garten eröffnen sich aber auch zahlreiche andere interessante Möglichkeiten, die von Wasserrinnen und Schluchten bis hin zu kunstvoll gestalteten Gussmetall- oder Fiberglasblättern oder Muscheln reichen, die sehr schön in die Gartenlandschaft eingebaut werden können.
Während die Mehrzahl der industriell hergestellten, wasserspeienden Ornamente natürliche oder klassische Motive zum Vorbild haben, sind die interessantesten abstrakt-förmliche Konstruktionen mit Wasserrinnen und Fontänen, die ganz für sich in einer freien Teichlandschaft stehen oder sich wie ein Fischreiher aus der Ufervegetation erheben. Der Kontrast zwischen künstlichen Baustoffen und der natürlichen Vegetation kann einen schönen skulpturellen Effekt ergeben.
Natürlich müssen Uferanlagen nicht unabhängig sein, sondern können auch einen Teil anderer Strukturen darstellen. Zum Beispiel besitzen Gebäude manchmal einen äußeren Wasserhahn, der funktionell oder auch einfach nur dekorativ sein kann. Die Möglichkeiten, fließendes Wasser in optisch attraktiver Weise zu seiner Quelle zurückzuleiten und dabei den Lauf des Wassers als Teil des gesamten Umpumpsystems anzulegen, sind überaus zahlreich. Moderne Pumpen sind derart kompakt und leistungsstark, dass „wasserspeiende“ Dekorationsobjekte heutzutage sehr einfach herzustellen und zu installieren sind.

unten ... *Eine am Teichrand platzierte Nymphe oder Fee verleiht dem gesamten, von Pflanzen umgebenen Arrangement etwas Märchenhaftes.*
Die Bewegung des Wassers bringt einen Hauch von Lebendigkeit und Magie in diese besondere Gartenecke.

rechts ... *Die schnellen Kanonaden einer simplen Fontäne schaffen hier ein starkes, sich ständig veränderndes optisches Element. Das Arrangement zeigt eine ungewöhnliche, dabei aber sehr effektvolle Kombination aus traditionellen Wildblumen und moderner Wassertechnik.*

Zierspringbrunnen

Springbrunnen sind unterschiedlich gestaltete „Wasserspeier“, die Wasser unter Druck in die Luft spritzen, um es dadurch in glitzernden Tropfen in ein Auffangbecken fallenzulassen. Diese Einfachheit findet allerdings nicht immer Anklang, weshalb kunstvollere Wasserspeier, sehr oft in Form von Statuen, gefragt sind.
Im traditionellen europäischen Gartenbaustil trugen Statuen erheblich zum Gartendesign und zur Landschaftsgestaltung bei. Ursprünglich kamen hierbei meist mächtige Bronzeskulpturen zum Einsatz, besonders, wenn es sich um große Brunnen handelte, bei denen zum Beispiel von Pferden gezogene Triumphwagen scheinbar durch einen reißenden Strom aus Wasser getrieben wurden. Solche Kunstwerke konnten allerdings nur in den großen Gärten und Parkanlagen von Schlössern und Städten bewundert werden. Sie dienten als Vorbilder und lieferten das technische Wissen für das Entstehen einer ganzen Generation von eindrucksvoll realistischen und sehr funktionellen, klassischen Zierspringbrunnen.
Diese reichten vom Wasserträger und der Nymphe bis hin zu den komischen Fröschen des Peterhofs in Russland und dem kleinen Jungen namens Männeken Piss, einem Wahrzeichen von Brüssel. Miniaturwasserträger, klassische Nymphen und komische Frösche (ebenso wie Männeken Piss) sind heute als Repliken erhältlich und müssen nur noch an eine Tauchpumpe angeschlossen werden, um zu einem funktionierenden Springbrunnen zu werden. Es gibt darüber hinaus noch viele andere Designs, die auf Figuren aus Legenden, Vögeln und anderen Tieren basieren und in den meisten Gartencentern erhältlich sind.

links ... *Dieses sehr moderne Design nutzt alle Komponenten zu einer ebenso brillanten wie kontroversen Übertreibung. Eine kleine Fontäne aus einer übergroßen Seerosenblüte aus Bronze sorgt in einem ansonsten pflanzenlosen Teich für sanfte Wasserbewegung.*
Die Verwendung von Fontänen in Form von Pflanzen und Tieren hat eine lange Tradition.

rechts ...
Die Kombination von Licht und Wasser und deren Bedeutung für die Planung eines Ziergewässers wird durch diesen schön skulpturierten Springbrunnen verdeutlicht. Das traditionelle, klassische Design bildet in dem symmetrisch eingegrenzten Garten einen wichtigen Kontrapunkt.

Manche sind aus Stein, andere aus Beton oder Betonguss und einige aus Hartplastik. Letztere müssen manchmal teilweise mit Sand gefüllt werden, um ihre Standfestigkeit zu gewährleisten. Heute existiert eine so große Auswahl an Zierspringbrunnen, dass die Wahl zwischen der Einfachheit des einzelnen Wasserträgers und dem stürzenden, schäumenden Wasserspektakel im Trevistil – oder gar einer Kombination aus beiden – sehr schwer fallen kann.

oben … *Herkömmliche Baustoffe, auf unkonventionelle Weise verwendet, können die Wirkung von fließendem Wasser verstärken. Hier unterstreicht ein raffinierter Turm aus Spiegeln die Ausdruckskraft des über seine Oberfläche fließenden Wassers.*

Wasserfontänen

Wasserspiele bieten dem Gärtner hervorragende Möglichkeiten zur Schaffung von zauberhaften Effekten. Die entsprechenden Auslassdüsen sind in vielen unterschiedlichen Ausführungen erhältlich und können gewöhnlich in Sprühhöhe und -form verstellt werden. Es gibt Wasserfontänen, die ihr Muster in einer festgelegten Reihenfolge verändern und solche, die sich im Takt einer sich wandelnden Unterwasserbeleuchtung bewegen. Und wenn Sie etwas ganz Ausgefallenes suchen, dann gibt es auch noch die sich synchron zu richtiger Musik bewegenden Wasserorgeln.
Die meisten Gärtner bevorzugen die Einfachheit einer einzelnen Auslassdüse, die eine vielleicht zwei- oder dreigeteilte oder auch eine glockenförmige Fontäne produziert. Diese bietet alle Merkmale, die ein Wasserspiel ausmachen, wie Geräuschkulisse, Bewegung und Lichteffekte, verursacht aber für Fische und Pflanzen in dem Auffangbecken darunter nur minimale Störungen.
Wasserfontänen sind sehr einfach zu installieren und können problemlos ausgewechselt werden, da auf die meisten Teichpumpenköpfe einfach verschiedene Auslassdüsen aufgesteckt oder -geschraubt werden können. So können Sie Ihr Fontänenbild täglich, ganz Ihren Launen oder dem Wetter entsprechend, verändern. Bei heißem, sonnigen Wetter ist eine kräftig spritzende und turbulente Fontäne angenehm, wohingegen das sanfte Plätschern von Wasser aus einer Einzelauslassdüse besser zu stillen, trüben Tagen passt.
Spektakuläre Effekte lassen sich durch ein kräftiges Verdrehen und Kaskadieren einer starken Wasserfontäne oder Wasserhose erzielen. Das Wasser wird hierdurch zu einer flüssigen Skulptur, die einen wesentlichen Aspekt einer Gartenlandschaft ausmachen kann. Abgeschaltet bleibt nur eine ruhige Wasseroberfläche, wird die Skulptur aber zum Leben erweckt, so erhebt sie sich wie ein Phoenix aus dem Wasser und schafft einen klaren Anziehungspunkt, der die Aufmerksamkeit auf sich zieht.

oben ... *Manche Ziergewässer werden ausschließlich vom Bild einer Fontäne beherrscht. Hier ist kein Platz für Pflanzen, denn der Mittelpunkt ist der vom Wasser geschaffene physikalische Effekt. Eine derart geräuschvoll sprühende Fontäne wird einfach mit einer relativ starken Teichpumpe erzeugt.*

oben ... *Die an die Teichpumpe im Teich angeschlossene Standarddüse produziert eine einfache, aber sehr effektive Fontäne, deren Höhe der den Teich umgebenden Bepflanzung angepasst ist.*

links ... *Der ruhige Sprudelteich erfüllt diese friedliche Ecke mit sanfter Bewegung. Hierfür sind lediglich eine korrekt eingestellter Durchfluss und eine geeignete Auslassdüse erforderlich.*

Mauerbrunnen und Grotten

Es ist zwar möglich, sich auch ohne einen Teich an fließendem Wasser zu erfreuen, allerdings ist dies bei einem begrenzten Platzangebot nicht ganz einfach. Mauerbrunnen und Grotten bieten dem einfallsreichen Gärtner hier einige Möglichkeiten für Eigenkonstruktionen oder die Verwendung von fertigen Bausätzen. Einige Mauerbrunnen sind in sich abgeschlossene Betriebssysteme, die nur noch an die Wand gehängt, mit Wasser gefüllt und mit Strom versorgt werden müssen.

Es gibt zahlreiche Wandmasken und -wasserspeier, aus denen das Wasser in ein Auffangbecken darunter laufen kann. Letzteres kann ein kleiner Teich oder einfach eine geeignete große Schüssel oder Schale sein. In einigen Fällen geht die Wasserzirkulation nicht direkt von dort aus, sondern von einem Wasserspeicher, der hinter oder unter der Konstruktion versteckt ist. Auf diese Weise sind nur die Wandmaske oder der -wasserspeier und das daraus hervortretende Wasser sichtbar.

Grotten sind eine wunderbare Ergänzung zum Garten. Sie schaffen eine mystische oder beschauliche Atmosphäre und können zu wichtigen Fokuspunkten werden. Der Schlüssel zum gelungenen Aussehen einer Grotte ist Einfachheit. Einfache, moosbewachsene Steine und sachte tröpfelndes Wasser erinnern an Märchen, und die Grotte im familiären Vorstadtgarten dient zur Freude kleiner Kinder freundlichen Gartenzwergen und Elfen als Versteck.

Von allen Formen der Fließgewässer sind Mauerbrunnen und Grotten vermutlich die friedvollsten und ausdrucksstärksten, denn sie können alles sein, was man sich wünscht. Traditionell, modern, geheimnisvoll oder abstrakt. Hier sind fantasievollen Ideen des unkonventionellen Gärtners keine Grenzen gesetzt.

oben ... *Diese „umgedrehte" Fontäne ist ein interessantes Konzept. In der Grotte fällt das Wasser tatsächlich von der Decke in das Wasserbecken darunter.*

rechts ... *Diese Grotte bedient sich von Muschelschalen über die Apoll-Maske bis zu den Tuffsteinfelsen alter Traditionen.*

Umwälzspringbrunnen

Es gibt viele Springbrunnen, die in sich abgeschlossene Systeme darstellen, und einige davon sind sogar transportabel. Obwohl sie eher als Dekorationsobjekte für Kleingärten, Innenhöfe oder Terrassen angesehen werden, gibt es keinen Grund, weshalb Kübel- oder Topfbrunnen, Sprudler und Mühlsteine nicht genauso gut Teil einer größeren Gartenlandschaft sein können. Alle für Kleingärten so beliebten, kompakten, sprudelnden Umwälzspringbrunnen können ebenso gut in einer ausgesuchten, anheimelnden Ecke eines großen Gartens Verwendung finden.

oben ... *In sich abgeschlossene Umwälzspringbrunnen sind vielseitig einsetzbar. Sie können sowohl einzeln stehen, als auch, wie hier, effektvoll in einen Garten integrierte Fokuspunkte bilden.*

Die Auswahl an diesen kleinen Brunnen ist enorm, denn es bedarf nur eines Stromanschlusses, einer kleinen Teichpumpe und eines wasserdichten Behälters, um nahezu jede Art von Springbrunnen zu kreieren. Die beliebtesten sind sicherlich aus Krügen und Kübeln gestaltete Sprudler. Sie bestehen aus einem Behälter, an dessen Grund sich die Teichpumpe und darüber ein stabiles Metallgitter befinden. Zwischen diesem Trenngitter und dem Gefäßrand dient eine großzügige Lage aus Kieselsteinen als Verkleidung. Der Behälter wird mit Wasser gefüllt, der Auslassschlauch zwischen den Steinen versteckt und die Pumpe eingeschaltet. Das sanft über die Kiesel rieselnde und dann in den Behälter zurücktropfende Wasser gibt dem Sprudler einen sehr ruhigen Effekt.

links ... *Diese großen Steine sind allein schon beeindruckend, aber mit darüber fließendem Wasser bilden sie eine andere Dimension. Algenablagerungen werden später einen verwitterten Eindruck schaffen.*

oben ... *Das Herzstück dieses traditionellen Irrgartens sind nicht die kunstvoll beschnittenen Hecken, sondern die integrierten kleinen Teiche mit ihren elegant tanzenden Wasserfontänen.*

Das gleiche Prinzip trifft auch auf andere Wasserbehälter zu, die von Erdbeer- und Kräutertöpfen über alte Spülbecken bis hin zu galvanisierten Wannen reichen können. Manchmal werden die Behälter auch bis zum Rand im Boden vergraben, wodurch ihr Aussehen nicht mehr relevant ist, besonders dann nicht, wenn sie auch noch mit Kieselsteinen abgedeckt werden.

Mühlsteine funktionieren nach einem ähnlichen Prinzip. Das Wasser tritt aus dem Loch in der Mitte aus und fließt über die Steinoberfläche, an den Seiten hinunter und über die Kieselsteine zurück in das darunter im Boden versenkte Auffangbecken. Letzteres kann aus Teichfolie gestaltet werden, es sind aber auch Mühlsteine mit passenden Sammelbehältern erhältlich.

Grunddesign und Konstruktion

Obwohl es mit modernen Gerätschaften relativ einfach geworden ist, verschiedene Fließgewässer zu schaffen, ist es dennoch wichtig darauf zu achten, dass selbst bei unabhängigen Systemen nach wie vor bestimmte Grundregeln einzuhalten sind. Auch wenn keine Baupläne nötig sind, kommt dem Standort sowohl in praktischer als auch in ästhetischer Hinsicht große Bedeutung zu.

Bepflanzte Gewässer müssen schon zum Wohle der Pflanzen gut besonnt sein. Aber auch im Fall, dass keine Wasser- und Uferpflanzen verwendet werden, sind gute Lichtverhältnisse nötig, denn nichts sieht in einem Garten zauberhafter aus, als der Glanz von Sonnenlicht auf einem Schleier aus Wasser. Der Standort sollte außerdem windgeschützt sein, da eine von Wind zerrissene Wasserfontäne ihren Effekt verliert; ständig auf einen Weg oder die Terrasse spritzendes Wasser ist darüber hinaus ein stetes Ärgernis. Ansonsten kann ein Fließgewässer mehr oder weniger überall angelegt werden. Ob es an einen Teich angeschlossen wird oder eigenständig bleibt, ist ganz dem Schöpfer überlassen. Die Konstruktion eines Wasserfalls unter Nutzung des vorhandenen Landschaftsreliefs kann nützlich und ein Augenschmaus sein.

oben ... *Bei der Planung eines Ziergewässers sind vor dem Festlegen des Standorts die dort herrschenden Umstände wie der Schattenwurf von Bäumen und die Neigung des Geländes zu berücksichtigen.*

Verlegen einer elektrischen Leitung

1 Das zum Gewässer führende Stromkabel sollte unbedingt ein armiertes Kabel für den Außengebrauch sein. Es wird in einem ausreichend tiefen Graben verlegt und mit Erdreich abgedeckt.

2 Das unterirdisch verlegte Kabel wird mit Steinfliesen abgedeckt, auf die eine dicke Erdschicht folgt. Damit sollte es selbst vor einem heftigen Spatenstich geschützt sein.

3 Die fertig verlegten Fliesen werden mit einem Streifen eines verwitterungsfesten, selbstklebenden Absperrbands markiert. Dieses dient als Warnung, falls später einmal in unmittelbarer Nähe Erdbewegungen vorgenommen werden.

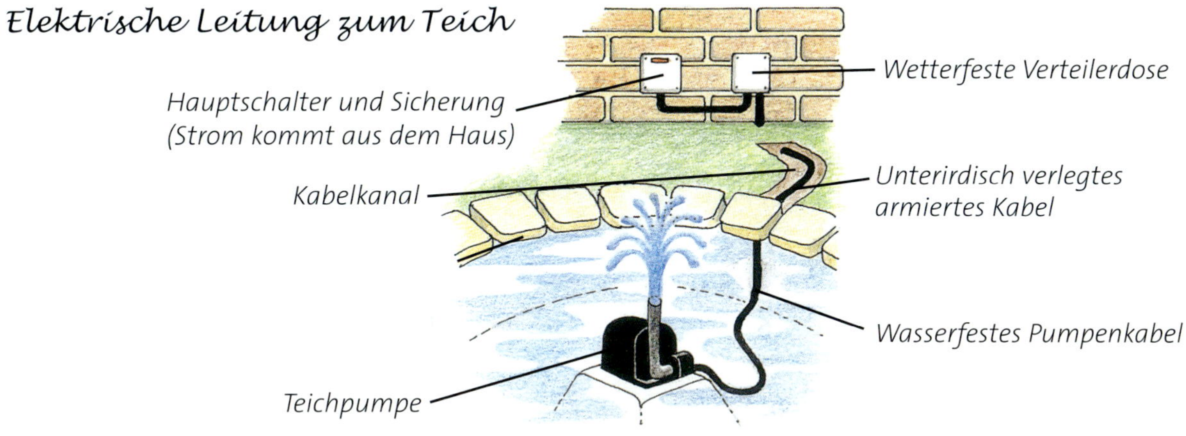

__rechts ...__ Ein beschaulicher, gut ausgewogener Teich mit einem kleinen Wasserfall, der beweist, dass trotz Einschränkungen, Fließwasser problemlos mit Fischen und Pflanzen kombiniert werden kann.

__oben ...__ Die Form des Teichs und Bachlaufs muss festgelegt werden bevor der Boden ausgehoben wird. Man markiert die Umrisse mit Schnur oder Schlauch, wobei zu beachten ist, dass Lage und Verlauf sowohl den Vorstellungen als auch den Gegebenheiten des Geländes entsprechen.

Es kann auch ein künstlich angelegter, gut skulpturierter Hügel harmonisch in eine Landschaft eingebaut werden, jedoch ist eine natürliche Topographie immer die beste.

Die Betriebssicherheit ist ebenfalls ein wichtiger Punkt. Dies betrifft einerseits die für den Betrieb der Pumpe erforderlichen Elektrizität sowie anderseits Kleinkinder, die sich einer offenen Wasserfläche nicht ohne weiteres nähern können sollten. Wasserdichte Kabelverbindungen und deren sichere unterirdische Verlegung sind daher unerlässlich. Außer rein optischen Aspekten sind auch noch andere wichtige Punkte zu bedenken. Beispielsweise sollte ein Wasserfall so angelegt werden, dass auch bei abgeschalteter Pumpe immer etwas Wasser in den Kaskadenbecken verbleibt. Sind die einzelnen Becken zu stark nach vorn geneigt, läuft das Wasser hinaus, und übrig bleibt ein unansehnlicher, trockener Wasserlauf. Dies ist nur ein typisches Beispiel für die vielen kleinen notwendigen Überlegungen und unterstreicht die Bedeutung einer sorgfältigen Planung vor dem eigentlichen Baubeginn.

Möglichkeiten und Baustoffe

Dem Gärtner, der einen Wasserfall oder Springbrunnen anlegen will, bieten sich viele Möglichkeiten. Ein komplexer Plan ist nicht erforderlich, denn im Gartencenter findet der angehende Bauherr bereits alle erdenklichen Varianten. Fertige Wasserfall- und Bachlaufteile nehmen einem viel Arbeit ab und sind nicht nur garantiert wasserdicht, sondern gewährleisten auch bei abgeschalteter Pumpe, dass Wasser in den einzelnen Becken verbleibt.
Solche Fertigbausätze beinhalten oftmals schon die benötigten Pumpen, und bei Mauerbrunnen ist eine solche meistens sogar in die Struktur eingebaut. Es gibt wirklich sehr gut durchdachte Bausätze, bei denen man nichts über die Pumpe wissen muss, außer dass sie vorhanden ist und lediglich noch ans Stromnetz angeschlossen werden muss. Dies trifft besonders auf Holzkübel- und traditionelle Dorfbrunnenarrangements zu.

Es gibt auch viele fertige Fontänensysteme, die aus einem Dekorationsobjekt mit Auslassdüse und einer Pumpe bestehen und nur noch in ein Auffangbecken gestellt und angeschlossen werden müssen. Einige davon sind klein genug für Topf- oder anderen Behälterbrunnen, andere wieder sind in der besten Tradition des klassischen Designs mit großen Auslassdüsen ausgestattet und verlangen eine großzügige Wasserverteilung.
Die heute verwendeten Schläuche, Verbindungsteile, Ventile und Kupplungen haben alle selbstdichtende Anschlüsse, die dem Gärtner den Bau selbst entworfener Designs ermöglichen, wenn ihm die verfügbaren Bausätze nicht zusagen. Löten und Vermessingen sind heute zur Konstruktion von aufregenden und ungewöhnlichen Kreationen nicht mehr nötig. Ein Schraubenschlüssel und -zieher sind gewöhnlich alles, was man braucht.

Schläuche, Verbindungen, Hähne und Kupplungen

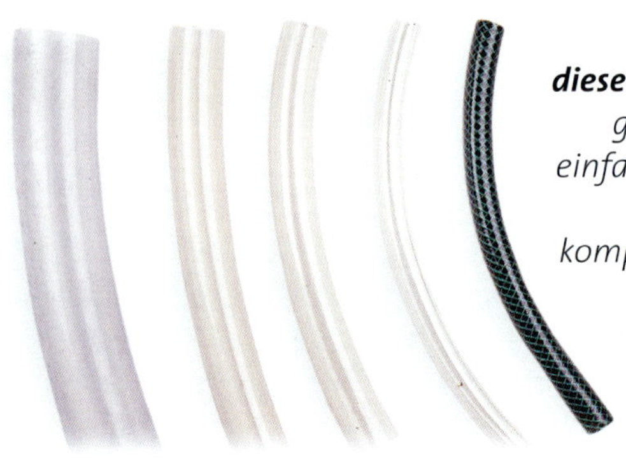

diese Seite ... *In Gartencentern ist eine große Auswahl an Schläuchen und einfach zu installierenden Anschlüssen erhältlich, die den Bau auch von komplizierten Arrangements selbst für den Anfänger einfach machen. Die vielseitigsten und haltbarsten Schläuche sind wie die eines Staubsaugers gerippt.*

rechts ... *Ein am Abend beleuchteter Wasserfall ist ein Erlebnis. Alle hier vereinten Elemente wie fließendes Wasser, Teich und Pflanzen werden von sorgfältig positionierten Strahlern hervorgehoben. Die Installation ist einfach, die Betriebskosten sind niedrig, und sie geben dem Garten eine neue Dimension.*

links ... *Teichfolie ist zum Bau von Wasserfällen oder Bachläufen bestens geeignet. Eine spezielle Vliesunterlage dient zur Polsterung und zum Schutz der Folie vor scharfkantigen Steinen im Erdreich.*

oben ... *Gussformbecken haben bereits eine geeignete Form und lassen sich problemlos zu einem ansprechenden Wasserlauf aneinanderreihen, sie sind auch garantiert wasserdicht.*

Pumpen und Filter

Grundsätzlich unterscheidet man zwischen zwei Arten von Pumpen: Teichpumpen und Außenpumpen. Für die meisten Wassergärtner sind Außenpumpen nicht wichtig, da sie zur Bewegung sehr großer Wassermengen dienen und daher für unsere Zwecke kaum benötigt werden. Abgesehen von ihrer Größe verlangen diese Pumpen eine spezielle Pumpenkammer und oft recht aufwändige Rohrlegearbeiten, die den durchschnittlichen Heimwerker meistens überfordern.

Eine moderne Teichpumpe besteht aus Motor, Rotor, Rotorgehäuse, einem zweiteiligen Wasserauslass für Fontänenkopf und Wasserfall, dem Filterschaumstoff und einem Vorfilter.

Teichpumpen sind in vielen Varianten erhältlich und erfüllen die meisten Anforderungen des einfachen Teichbesitzers. Selbst die kompakten Einheiten können gleichzeitig erstaunlich große Fontänen und anschauliche Wasserfälle produzieren. Es gibt auch Miniaturpumpen, die nur einen geringen Wasserfluss erzeugen und somit für kleinste Behälterbrunnen verwendbar sind.

Filter sind, besonders bei Gewässern ohne natürliches Gleichgewicht (zum Beispiel Fließgewässern) sehr nützliche Ergänzungen zu einer Pumpe. Es existieren vier sich grundsätzlich unterscheidende Filtersysteme, jedoch wird bei Wasserfontänen meistens ein rein mechanisches verwendet. Dieses System fängt nach dem Prinzip eines Siebes organische Partikel (z.B. Pflanzenreste) und andere Abfallstoffe auf, indem das Wasser von der Pumpe durch ein Filtermedium gesaugt wird. Die anderen Systeme schließen eine Wasserreinigung auf chemischer oder biologischer Basis oder durch UV-Bestrahlung ein.

oben ... *Diese Membranpumpe fördert kein Wasser, sondern pumpt Luft ins Wasser und dient der Sauerstoffanreicherung von Ziergewässern mit hohem Fischbesatz.*

Der wichtigste Gesichtspunkt einer Pumpe ist ihre Förderleistung, das heisst, die die Pumpe pro Minute oder Stunde durchlaufende Wassermenge und deren Auswirkung auf das Ziergewässer. Zur einfachen Berechnung der nötigen Pumpleistung misst man über eine Minute den gewünschten Wasserfluss in Litern und multipliziert diesen Wert mit 60. Daraus ergibt sich die Fördermenge pro Stunde.

rechts ... *Ein UV-Filter ist eine effektive Algenkontrolle. Wasser mit starker Algenbelastung fließt geklärt in den Teich zurück. UV-Filter sind die verlässlichste Methode zur Klärung von Ziergewässern, in denen kein natürliches Gleichgewicht zu erreichen ist.*

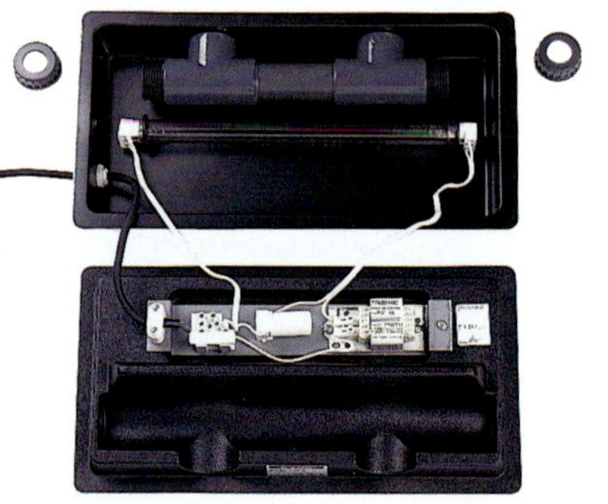

oben ... *Vor dem Kauf einer Pumpe muss die erforderliche Fördermenge berechnet werden. Das geschieht am besten, indem man mit einem Gartenschlauch den gewünschten Fluss durch ein Kaskadenbecken erzeugt und die innerhalb einer Minute durchfließende Wassermenge abmisst.*

Eine Pumpe zerlegen

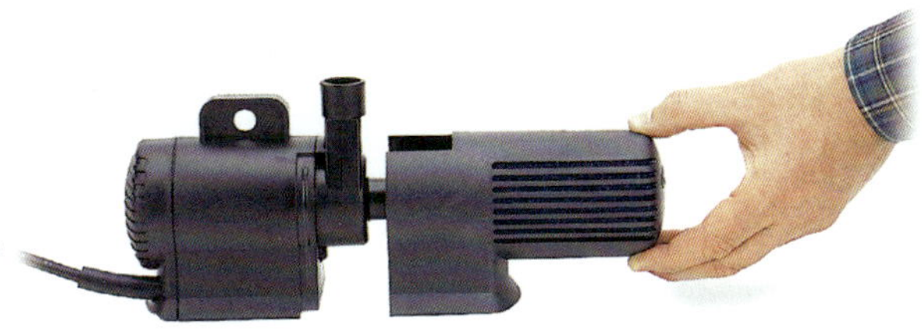

1 Teichpumpen sind in einfache, abnehmbare Segmente unterteilt. Um die Pumpe zu öffnen, muss erst der Vorfilter mit dem Filterschaumstoff entfernt werden.

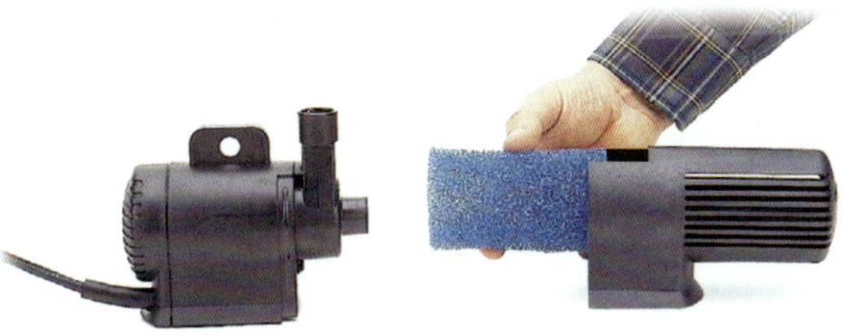

2 Nach Abbau des Vorfilters kann der Schaumstoff entnommen werden, der in regelmäßigen Abständen ausgewaschen werden muss.

3 Für eine gründliche Reinigung der Pumpe wird zuerst der Rotor abgenommen, der in einem aufgesteckten Gehäuse wie auf dem Bild oben liegt. Er befindet sich im selben Teil der Pumpe wie der Motor und sorgt für die Wasserbewegung.

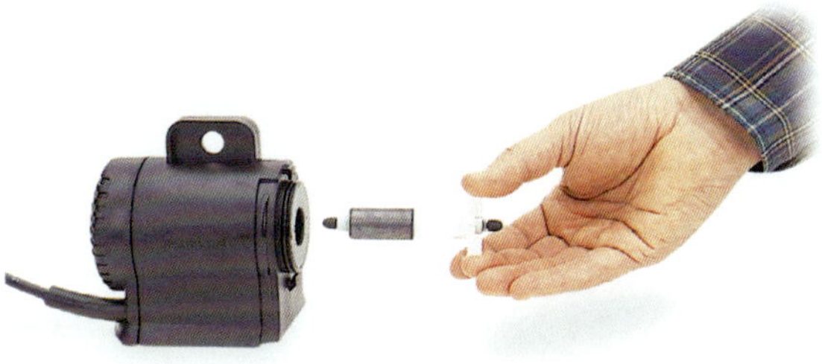

4 Der Rotor wird vorsichtig mit einem festen Ruck abgezogen. Er ist mit einem starken Magneten ausgestattet und erfordert deshalb mehr Kraftaufwand als möglicherweise angenommen.

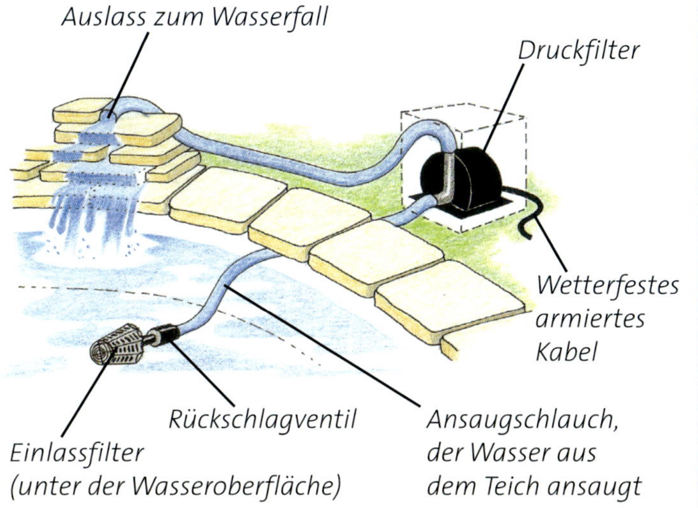

Ein Druckfilter

links ... *Eine Mehrfachbürstenfiltereinheit. Die Filterbürsten fangen die meisten Schwebepartikel auf. Die zusätzlichen Filterröhrchen sind dann mechanisch und biologisch aktiv. Auf ihnen leben Bakterienkulturen, die beispielsweise die Ausscheidungsprodukte der Fische in harmlose Nebenprodukte umwandeln.*

unten ... *Ein Kompaktfilter, der inner- und außerhalb des Teiches verwendbar ist und einen Filter mit Keramikröhrchen enthält. Letzterer befindet sich auf dem Filterboden und ist mit einem dicken Filterschwamm abgedeckt. Deckel drauf und Auslassschlauch befestigt – fertig. Solche Filter tragen erheblich zu klarem Wasser bei.*

Überlaufbecken und Wasserspeicher

Aus funktioneller Sicht unterscheiden sich Überlaufbecken und Wasserspeicher nur geringfügig. Ein Überlaufbecken ist gewöhnlich dekorativ und funktionell, während ein Wasserspeicher nur funktionell ist. Überlaufbecken sind die mehr oder weniger kleinen und flachen Reservoirs, die Wasserfälle speisen. Sie werden oberhalb des Wasserfalls oder eines Bachlaufs angelegt und durch einen an die Pumpe angeschlossenen Schlauch mit Wasser versorgt. Es ist zwar möglich, ein Überlaufbecken mit kleinen Wasserpflanzen zu bestücken, jedoch ist das aus pflegetechnischen und Überwinterungsgründen oftmals nicht ratsam.

Wasserspeicher bleiben dem Auge normalerweise verborgen. Es sind zumeist einfache, oftmals gänzlich eingegrabene Behälter, die nur einen rein funktionellen Zweck erfüllen und viel größere Wassermengen als Überlaufbecken fassen können. Sie werden bei Wasserfällen oder Bachläufen nicht benötigt, erfüllen aber unter anderen Fließwasseranlagen oder Springbrunnen im Boden vergraben einen guten Zweck.

Die Teichpumpe kann sich auch im Wasserspeicher befinden, was besonders hilfreich ist, wenn das Auffangbecken des Ziergewässers so flach ist, so dass die Pumpe darin zu auffällig wäre oder ihr Betrieb darin gestört würde. Bei Mauerbrunnen ist ebenfalls zu Wasserspeichern zu raten, da deren Auffangbecken oftmals sehr flach sind.

oben ... *Bachläufe wie dieser werden oft von Wasserspeichern gespeist, von denen das Wasser zum Überlaufbecken am Anfang des Wasserlaufs gepumpt wird.*

Einen Wasserspeicher versenken

1 Man misst den Wasserspeicher ab und markiert dessen Maße mit einer Stange und Schnur auf dem Boden.

2 Dann wird der Boden um die Markierung herum mit einem scharfen Spaten angestochen, um das Ausheben zu erleichtern.

3 Nun hebt man ein Loch entsprechender Tiefe aus und setzt den Wasserspeicher ein. Der Rand wird mit Erde aufgefüllt.

rechts ... *Überlaufbecken sind für Fließgewässer wichtige Komponenten. Hier dient ein Keramikkübel als fester Bestandteil der Anlage. Er bildet ein Überlaufbecken, von dem aus das Wasser über die Fliesen und dann als Kaskade ins Teichbecken fließt.*

Ein Bachlauf aus Fertigbauteilen

Es steht eine Vielzahl von Fertigbauteilen für Wasserfälle und Bachläufe zur Verfügung, die an einen Teich „angebaut" werden können. Einige sehen sehr natürlich, andere dagegen einfach nur hässlich aus. Deshalb sollte man sich für die Auswahl der Bauteile viel Zeit nehmen und auch bedenken, wie viel davon nach der Installation noch zu sehen sein wird.

Einige Fertigteile stellen Einzelstrukturen dar, andere eine Reihe einzelner, unterschiedlich geformter Baumodule, was dem Bauherrn fantasievollere Designs ermöglicht. Fertigteile, ob nun aus Betonguss, Kunststoff oder Fiberglas, sind vom optischen Standpunkt aus gesehen nicht einfach zu verbauen. Sie sehen erst überzeugend aus, wenn sie mit Steinen dekoriert und dicht bepflanzt sind. In jedem Fall sind sie aber garantiert wasserdicht und bilden bei korrekter Installation ein auslaufsicheres System.

Fertigteile für Wasserfälle und Bachläufe müssen in einen Hang integriert werden. Dabei kann es sich um ein natürliches oder auch künstlich angelegtes Gefälle handeln, solange dieses den Bauteilen entsprechend hoch und breit genug ist, damit kein gestauchter Eindruck entsteht. Künstlich angelegte Hügel sollten sich über den Winter „setzen" können. Werden die Fertigteile gleich im frisch bearbeiteten Erdreich verlegt, kann dies später zu einem Absacke führen, was die gesamte Anlage gefährdet.

Bestimmte Fertigteile können in terrassenförmigem Gelände auch auf eher förmliche Weise verwendet werden. Sie lassen sich dann sehr harmonisch als feste Bestandteile in ein förmliches Wasserarrangement einbeziehen, das zum Beispiel von Steinen oder Mauerwerk eingefasst ist. Auch hier sind der Fantasie keine Grenzen gesetzt.

Für eine erfolgreiche Installation muss das Fundament fest und eben sein. Lockerer, einsinkender und sich verschiebender Bodengrund verursacht große Probleme. Für Neukonstruktionen sind sichere, mit Erdreich abgedeckte Steinschotterhügel bestens geeignet.

Ein Bachlauf aus Fertigteilen

1 Damit der Pumpenauslassschlauch nicht zu sehen ist, bohrt man unterhalb der späteren Wasseroberfläche ein Loch durch die Rückwand des obersten Beckenteils.

2 Der Durchlass für den Schlauch muss mit wasserfester Dichtungsmasse versiegelt werden, damit kein Wasser austreten kann. Undichte Stellen unter dem Becken können Erdbewegungen verursachen

3 Nach dem Einsetzen des Anschlusses muss die Dichtungsmasse gut trocknen. Der Auslass wird zurecht gestutzt und mit einer plan abschließenden Kragenmutter aus Kunststoff befestigt.

4 Zum Ausrichten der Bachlaufschalen muss die Ausschachtung breiter als die Teile sein. Die Becken werden in ihre endgültige Position gebracht und nötigenfalls mit Ziegeln gestützt.

5 Die Zwischenräume unter den Becken und um sie herum werden sorgfältig mit Erde aufgefüllt. Es dürfen keine Hohlräume zurückbleiben.

6 Wenn alles sicher an seinem Platz ist, wird die Ausrichtung mit einer Wasserwaage überprüft und der Wasserfluss ausprobiert.

7 Der fertige, bepflanzte Bachlauf mit frei fließendem Wasser – eine einfache Methode für ein Fließgewässer im Garten.

oben ... Fertige Bachlaufschalen sind in vielen Formen und Größen erhältlich. Hier ein modernes Design aus symmetrischen Muschelbecken und für über vier Stufen fließendes Wasser.

Ein Bachlauf aus Teichfolie

Teichfolie bietet die weitreichendsten Möglichkeiten für den Bau von Wasserfällen und Bachläufen. Der Bodengrund kann ganz den Vorstellungen des Designers entsprechend ausgehoben und dann einfach mit Teichfolie ausgelegt werden. Fertigteile für Bachläufe und Wasserfälle sind dazu im Vergleich unflexibel, bei korrekter Installation jedoch garantiert wasserdicht. Bei einer Folienkonstruktion besteht neben dem Risiko, die Folie selbst zu beschädigen, auch noch die Gefahr nicht sorgfältig genug abgedichteter Übergänge.

Beim Ausheben des Bachlaufs beginnt man am Rand des Auffangteichs und arbeitet sich dann in der gewünschten Steigung von diesem hoch. Wie bei einem Hügel ist es auch hier wichtig, dass der mit der Folie auszulegende Bodengrund fest ist. Dies kann durch Feststampfen erreicht werden, jedoch sind die Ergebnisse durch natürliches Setzen des Bodens aufgrund von Regen und nach dem Winter besser. Unter der Folie absackendes Erdreich führt unweigerlich zu undichten Stellen.

Eine Folienkonstruktion wird häufig mit Felsen, Steinen, Kies oder grobem Sand verkleidet. Diese Baustoffe können sehr effektvoll arrangiert werden, jedoch sollte man nie vergessen, dass die Grundlagen für eine attraktive, naturgetreue Konstruktion ein solides Fundament und die schützende Teichfolie sind und sich jede Art von Mängel erst später zeigt.

Der Gebrauch von Teichfolie und deren Verkleidung mit Felsen, Steinen und Kies ermöglichen unterschiedliche Fließmuster. Ein anhaltender Schleier aus Wasser entsteht durch eine glatte, gerade Kante, wohingegen sich durch enge Stein- und Felsspalten drängendes Wasser wild und ungestüm ist.

Eine Wasserfallkonstruktion aus Teichfolie

1 An einem natürlichen Hang wird das Erdreich entsprechend der geplanten Breite und Länge des Wasserlaufs ausgehoben.

2 Der Schacht wird zum Schutz der Teichfolie zuerst mit einer Filzunterlage ausgelegt.

3 Darüber wird die Folie verlegt und gut in die Ausschachtung eingepaßt. Sie muss die Ränder ausreichend weit überlappen.

4 Zur Fixierung legt man Felsen und Steine an die Ränder des Bachlaufs, wobei ein möglichst natürliches Bild entstehen soll.

5 Die tiefer in den Randzonen liegenden Felsbrocken werden mit einem großzügigem Betonbett verankert.

6 Die Lücken zwischen den Felsen werden entlang des Stromverlaufs mit Mörtel abgedichtet

rechts ...
Ein gut konstruierter Bachlauf aus Teichfolie und Felsen. Die Bepflanzung macht die Felskonturen weicher, und das Ergebnis ist ein sehr schönes, naturgetreues Ziergewässer.

7 *Zur Sicherung eines konstanten Wasserflusses müssen alle wasserdurchlässigen Stellen entlang der Ufer mit Mörtel abgedichtet werden. Die Steine sollten möglichst waagerecht liegen.*

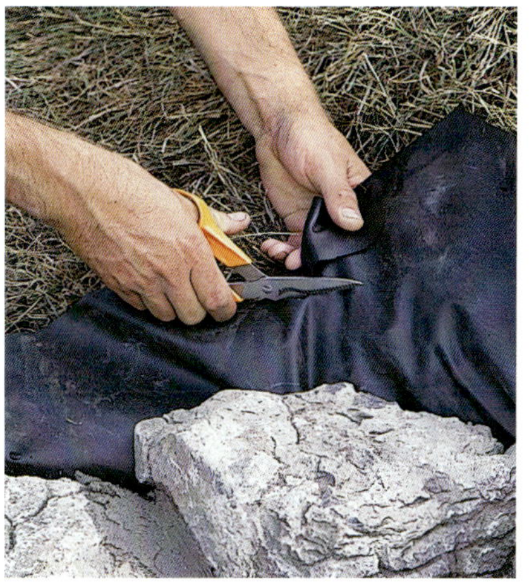

8 *Wenn alle Felsbrocken sicher an ihrem Platz liegen, werden die überstehenden Folienränder abgeschnitten und mit Erde abgedeckt.*

9 *Das Bachbett wird mit gut ausgewaschenem Kies gefüllt, der die Falten in der Folie abdeckt und ein natürliches Bild entstehen lässt.*

Anlegen eines Kanals oder einer Rinne

Kanäle oder Rinnen können zu einer schönen Wassergartenkreation werden, doch passen sie nur in einen förmlich angelegten Garten. Es kann sich dabei sowohl um ein unabhängiges Ziergewässer, als auch um eine räumliche Einteilung des Gartens handeln. In jedem Fall aber sind deutlich erkennbare Punkte nötig, zwischen denen sich das Wasser bewegt. Ist die Anlage von Ausgangs- und Endpunkten unpraktisch, gewährleistet nur eine raffinierte Bepflanzung ein überzeugendes Aussehen.
Oftmals ist der Fokuspunkt ein Teich, allerdings muss sich dieser nicht wie beim Wasserfall am Ende der Konstruktion befinden. Ein Kanal kann ebensogut einen Teich durchfließen oder durch eine Einteilung in Stufen eine Reihe von kleinen Wasserfällen bilden.
Ein Kanal muss mit viel Sorgfalt und Überlegung in ein Gartendesign integriert werden, besonders in Hinsicht auf den auszuhebenden Bodengrund. Es mag einfacher sein, das ausgehobene Erdreich an den Kanalrändern aufzuhäufen, jedoch sieht das hinterher ziemlich ungeschickt und künstlich aus. Ein Kanal wird generell besser nur teilweise ausgehoben und die Abraumerde dann von den Rändern weg mit einem nur leichten Gefälle eingeebnet. Anstatt ihn im Erdreich zu versenken, kann der Kanal alternativ dazu auch auf der Höhe der Wasserquelle und jeder vorbestimmten Teichebene angelegt und dann der umgebene Bodengrund auf Randebene aufgestockt werden.
Kanäle können aus vielerlei Baustoffen konstruiert werden, wovon Steinfliesen und versiegeltes Holz vielleicht am besten geeignet sind. Durch eine fantasievolle Verwendung von Holz können einfache enge Gräben und Wasserrinnen in einer attraktiven, symmetrischen Weise angelegt werden. Ziegelsteine sind hierbei ebenfalls geeignet. Beton wird häufig verwendet, sieht jedoch meistens sehr künstlich aus und sollte bei kleinen Kanalkonstruktionen nur im Notfall in Betracht gezogen werden.

Bau einer Wasserrinne aus Holz

1 Das Holz wird sorgfältig zugeschnitten, so dass die Teile sauber und genau aneinander passen. Die Randleisten werden mit einem starken, wasserfesten Kleber mit dem Bodenbrett verbunden und während des Trocknens mit Schraubzwingen in Position gehalten. An diesem Punkt ist präzises Arbeiten überaus wichtig.

2 Nachdem die Teile sicher miteinander verklebt wurden, sollten sie zusätzlich verschraubt werden. Dazu werden erst Löcher vorgebohrt, die etwas kleiner als der Schraubendurchmesser sind und dann die Schrauben eingedreht.

3 Ein kleiner, sorgfältig ausgemessener und zugeschnittener Holzblock wird nun am Kopf der Rinne eingeklebt und verschraubt, so dass ein wasserdichter Abschluss entsteht.

4 Das Ganze wird nun mehrmals mit einem Holzimprägnierungsmittel gestrichen, welches das Holz vor Verwitterung schützt und einmal getrocknet keine Verschmutzungsgefahr für das Wasser darstellt.

5 Durch das Kopfstück der Rinne wird ein Loch gebohrt, durch welches ein dünner Wasserdurchlass hindurch passt. Dieser kann, wie das Bild rechts zeigt, abschließend mit Pflanzen verdeckt werden.

links ... *Eine Wasserrinne kann, von einem schmalen Steinbett bis hin zu einer aufwändigen Metallrinne wie dieser, viele Formen haben. Das Beispiel hier erzeugt durch seine Höhe ein zusätzliches Fließwasserelement und ist eine klar gegliederte, moderne Kreation.*

Anlegen eines Bachlaufs

Ein Bachlauf aus Teichfolie erfordert ähnliche Baustoffe wie eine Wasserfall- oder Bachlaufschalenkonstruktion. Auch hier kann genau der erwünschte Effekt erzielt werden, doch muss für ein wasserdichtes Endergebnis viel Aufmerksamkeit auf die Details entfallen. In diesem Zusammenhang ist es auch hier wieder sehr wichtig, dass der Bodengrund des Bachbettes gut gefestigt ist und sich gesetzt hat. Ist dies nicht gegeben, führt das eintretende Absacken des Erdreichs zu überdehnten Folienrändern und wird dadurch zur Hauptursache für undichte Stellen.
Von seiner optischen Wirkung her sollte ein natürlich aussehender Bachlauf am besten in Stufen angelegt werden. Somit sollte er zunächst über eine Ebene führen und dann mit einem kleinen Wasserfall über eine Stufe oder einen großen Stein zu einer tiefer gelegenen Ebene überleiten. Eine solche Anlage ist meistens erheblich ansprechender als ein einfaches Gefälle hinunter fließendes Wasser. Bei dieser Konstruktion bleibt auch bei abgeschalteter Pumpe Wasser in Teilen des Bachbetts stehen, anstatt völlig leerzulaufen und einen unansehnlichen, ausgetrockneten Wasserlauf zu hinterlassen.
Bei einer Folienkonstruktion können die Bachränder gut unter Felsen, Steinen, Stangenholz und Pflanzen versteckt werden. Das Bachbett wird effektvoll mit Kieselsteinen oder Flusskies gefüllt. Strategisch im Hauptstrom des Bachlaufs platzierte, ausgesuchte Felsen oder große Kieselsteine können sowohl die Geräuschkulisse als auch das Erscheinungsbild des Fließgewässers verbessern.

Bau eines Waldbachlaufs

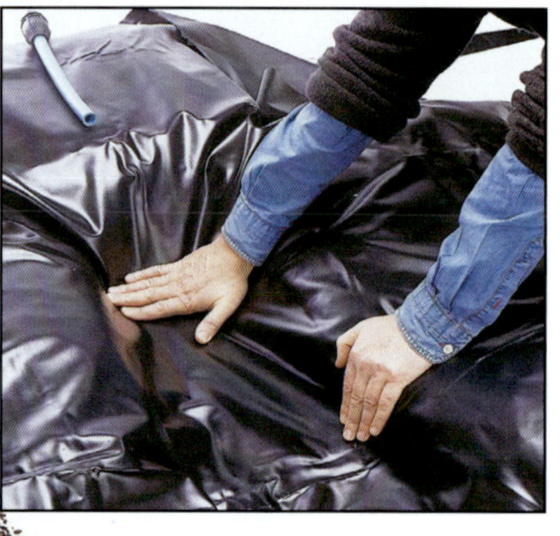

1 Nachdem eine Ausschachtung mit festem Erdprofil geschaffen wurde, wird diese mit Teichfolie ausgelegt, wobei die Ränder großzügig überlappen. Man arbeitet von der Mitte zu den Rändern hin und glättet entstehende Falten.

2 Der Einlass wird am Kopfende befestigt. Die Bachränder können mit sorgfältig aufgelegtem Stangenholz abgefasst werden, das gleichzeitig die Folie festhält. Das umgebende Erdreich wird auf halbe Höhe mit dem Stangenholz gebracht.

links ... *Dieser Bachlauf, obwohl künstlich angelegt, wirkt durchaus natürlich. Das rustikale Stangenholz hält die Folie, und das Wasser plätschert über unterschiedlich große Steine. Nachdem der Kies gründlich vom fließenden Wasser ausgewaschen ist, wird das Wasser wieder klar.*

3 Ist die Folie gesichert, kann das Bachbett mit gut ausgewaschenem Kies gefüllt und dieser mit einem Plastikrechen so verteilt werden, dass die Folie vollständig bedeckt ist.

oben ... *Ein schöner, naturgetreuer Bachlauf, der unter einer rustikalen Holzbrücke entspringt, die auch ein idealer Aussichtspunkt ist. Das Kiesbett und die gut platzierten Felsen dienen zur Verkleidung der Folie und bieten verschiedenen Tieren Lebensräume.*

4 Dann werden größere Steine eingebracht. Diese hier verbergen den Einlass, andere bestimmen in strategischen Positionen den Stromverlauf.

5 Die Ränder werden mit dunklem Rindenmulch kaschiert. Die Höhe der Abdeckschicht sollte etwas unterhalb der Kantenhöhe des Stangenholzes liegen, um ein Einschwemmen bei Regen zu verhindern.

Installation einer Uferanlage

Fließwasser geht gewöhnlich von einem Teich aus oder fließt über Wasserfälle oder in Kaskaden ab. Es ist jedoch auch möglich, damit eine Uferanlage neben dem Teich zu versorgen. Die Teichpumpe wird dazu im Teich platziert und der Auslassschlauch wie beim Wasserfall zum oberen Rand der Skulptur hin verlegt. Wichtig ist hierbei, dass die Pumpe stark genug ist, denn häufig sind Entfernung und Höhenunterschied zwischen Pumpe und Wasserauslass ganz erheblich.
Uferanlagen sind oft förmliche, rohr- oder rinnenartige Gebilde oder Ornamente mit einem Wasserauslass. Hier müssen zum Teil erhebliche Wassermengen bewegt werden, und der aus manchen Auslassdüsen austretende Wasserstrahl ist beträchtlich. Dies sollte von vornherein gründlich bedacht werden. Weniger förmliche Arrangements – besonders solche mit einem seichten Wasserfluss – sind viel einfacher zu realisieren. Im Moment sind offenbar Blätter aus Fiberglas besonders beliebt. Sie sind mit Verbindungsstücken und Auslassdüsen ausgestattet, so dass sie zu einer pflanzenartigen Skulptur zusammengesetzt werden können, über deren Blätter das Wasser herabrieselt. Die Riesen-Gunnera oder auch Mammutblatt ist hier als Vorlage sehr gefragt, obwohl die Blätter des Rhabarbers, genau wie die des auch als *Darmera* bekannten Schildblatts, ebenfalls erhältlich sind. Für sich betrachtet sehen sie eher steif und unecht aus, auch wenn sie auf natürliche Weise arrangiert worden sind. In die lebende Vegetation einbezogen, sorgen jedoch das fließende Wasser und die Geräuschkulisse für einen durchaus ansprechenden Eindruck.

Bau einer Blätterkaskade

1 Zur Befestigung des Auslasses wird mit einem Lochbohrer ein Loch durch die Blattmitte der „Gunnera" gebohrt.

*2 Nun wird ein Durchlassrohr eingesetzt und der Zulaufschlauch von hinten mit einer Schlauchschelle daran befestigt.
Die Verbindung zwischen Blatt und Schlauch wird mit einer wasserfesten, schnell trocknenden Dichtmasse versiegelt. Die Verbindung muss für einen gleichmäßigen Wasserfluss unbedingt dicht sein.*

3 Nun wird der Auslassschlauch mit einer Schlauchschelle am Pumpenauslass befestigt. Es darf nur der Wasserfallauslass geöffnet sein. Nötigenfalls muß das Steuerventil nachjustiert werden.

links ... *Selbst Kunststoffblätter können gut aussehen. Sie sind sehr praktisch für den Bau von Fließwasserarrangements im Garten.*

oben ... *Bei dieser Kupferschmiedearbeit wurden künstliche Blätter effektvoll zu einem sanft über mehrere Stufen fließenden Springbrunnen arrangiert.*

4 Es ist möglich, das Aussehen des künstlichen Blatts durch sparsames Auftragen von Sprühfarbe zu verbessern.

5 Nachdem das erste Blatt in Position ist, wird mit Hilfe einer Gießkanne der Wasserfluss getestet.

6 Das zweite Blatt wird installiert, die Schläuche werden verkleidet, dann wird die Pumpe im Teich versenkt und eingeschaltet.

Fontänenmuster

Die Vielzahl an Sprühmustern und -formen, die mit einer modernen Teichpumpe und einer Auslassdüse erzeugt werden können, ist enorm. Für den Anfänger empfiehlt sich erst einmal ein einfaches Muster; die ausgefalleneren Sachen kommen mit wachsender Erfahrung. Da Fontänenmuster durch austauschbare Auslassdüsen für ganz normale Teichpumpen entstehen, sind die Kosten für spätere Veränderungen gering. Man kann sich ein ganzes Sortiment dieser Düsen zulegen, so dass man eine Auswahl verschiedener, jederzeit austauschbarer Fontänenmuster zur Verfügung hat.

Es gibt einige Grundregeln für einen erfolgreichen Gebrauch von Wasserfontänen, die aber je nach den individuellen Umständen interpretiert werden müssen. An einem windigen Standort empfiehlt sich eine Verminderung der Fontänenhöhe auf die Hälfte des Durchmessers des Auffangbeckens. In windgeschützteren Gärten kann die Höhe dem Durchmesser der Wasserquelle entsprechen.

Einfache Einzelfontänen werden oft als Fokuspunkte eingesetzt, sind aber auch für eine räumliche Aufteilung oder als optische Unterbrechung des Ausblicks geeignet, die einen Besucher zum Pausieren ermuntert, bevor er seinen Weg fortsetzt. Einzelfontänen werden auch in asymmetrischen Gartendesigns eingesetzt, um ein Gegengewicht zu einem anderen, in der Nähe liegenden Blickfang im Garten zu schaffen. Für Pumpenkopfaufsätze mit mehreren Auslassdüsen gibt es keine besonderen Richtlinien. Einfach einschalten und sich daran erfreuen.

Bei der Auswahl eines Fontänenarrangements sollte die Möglichkeit einer Kombination mit einer Unterwasserbeleuchtung nicht vergessen werden. Es gibt nicht viel, was sich mit einer nachts beleuchteten Wasserfontäne messen kann.

Eine einfach geteilte, große Tropfen produzierende Fontäne. Sie ist am besten dort einzusetzen, wo Lichtreflexe mit dem Wasser spielen.

Eine Glockenfontäne ist die ruhigste Form von fließendem Wasser. Sie eignet sich gut für friedliche Ecken, in denen nichts von ihr ablenkt.

Die Standardfontäne für den kleinen Springbrunnen. Sie erzeugt einen schönen optischen Effekt und gleichzeitig eine zauberhafte Geräuschkulisse.

rechts ... *Mittels einer starken Auslassdüse, die Luft und Wasser vermischt und an eine kräftige Teichpumpe angeschlossen ist, kann man auch im heimischen Garten eine Wassersäule schaffen.*

Installation einer Teichfontäne

Die Installation einer Fontäne in einem Teich ist mit Hilfe einer Teichpumpe relativ einfach und selbst mit einer kleinen, leicht zu verbergenden Pumpe kann ein erstaunlicher Wasserausstoß erreicht werden.
Manchmal kann die Pumpe bequem direkt unter der Fontänenverzierung, Steinen oder anderen Dekorationsobjekten platziert werden. Dies ist generell die praktikabelste Lösung, denn so ist der Transportweg des Wassers am kürzesten.
Pumpe und Auslassdüse können sich aber auch an getrennten Standorten befinden, allerdings muss die Pumpe dann stark genug sein, um trotz der verlängerten Strecke für den Wassertransport immer noch eine ansehnliche Fontäne zu produzieren. In solchen Fällen muss die Pumpe unter einer Verkleidung versteckt werden, die möglichst einfach und unkompliziert sein sollte und einen problemlosen Zugriff auf die Pumpe gewährleistet. Beispielsweise kann die Pumpe unter einem Steinaufbau versteckt werden, der gleichzeitig einen Unterschlupf für Fische bietet. Unabhängig vom Arrangement ist es für die erfolgreiche Installation einer Fontäne wichtig, dass die Pumpe auf einer ebenen Fläche steht und gut zu erreichen ist. Der Wassereinlassfilter muss regelmäßig abgenommen und gereinigt werden, damit ein Verstopfen der Auslassdüse durch mit dem Wasser eindringende Abfallstoffe verhindert wird. Dies würde das Fontänenbild unweigerlich zerstören und dem Teichbesitzer Ärger und unnötige Arbeit bereiten. Das Stromkabel sollte aus Sicherheitsgründen an seinem Austrittspunkt aus dem Teich sorgsam mit einem strategisch platzierten Stein oder einer Gehwegplatte abgedeckt und geschützt werden.

rechts ... *Für diesen interessanten Effekt wurden gleich zwei Fontänen verwendet. Beide müssen separat installiert und an individuelle Pumpen angeschlossen werden, können sich jedoch einen Sockel teilen.*

Eine Fontäne für den Teich

1 Beim Bau eines Fontänensockels ist die Berechnung der Konstruktionsbreite und -höhe sehr wichtig, damit die Pumpe den gewünschten Effekt erzeugt. Die Teichfolie sollte vor Baubeginn durch eine Filzunterlage geschützt werden.

2 Eine ebene, auf der Folie und Filzauflage platzierte Steinfliese dient als Fundament. Simple Ziegelsteine werden nun mit Mörtel zu Säulen verbunden. Für zwei oder drei Ziegel hohe Sockel können diese direkt übereinander gesetzt werden; für höhere werden sie versetzt angeordnet.

3 Auf die Säulen wird zum Abschluss eine weitere Steinfliese gesetzt, die völlig waagerecht auszurichten ist, damit die Pumpe darauf sicher und gerade steht.

4 *Die Pumpe muss waagerecht stehen. Sie kann auch zwischen Säulen auf der Bodenplatte stehen, wenn der Sockel einem Fontänenornament als Fundament dienen soll.*

5 *Das Platzieren der Pumpe auf dem Sockel kann auch mittels eines an einem Stock befestigten Haken bewerkstelligt werden.*

6 *Steht die Pumpe an ihrem Platz, so muss sie nur noch mit Strom versorgt und eingeschaltet werden. Vorausgesetzt die Auslassdüse ist direkt über der Wasseroberfläche positioniert, wird die Fontäne sofort in Aktion treten.*

Anlegen eines Mauerbrunnens

Bei einem Mauerbrunnen muss sehr sorgfältig über dessen Wirkung nachgedacht werden. Ob es sich um eine erworbene Standardeinheit oder ein kunstvolles Einzelstück handelt, das effektivste Arrangement basiert wiederum auf einer Teichpumpe. Allerdings kann sich das Platzieren der Pumpe in einer funktionellen und trotzdem verborgenen Position als schwierig erweisen, besonders, wenn das Auffangbecken sehr flach ist.

Die beste Lösung ist es daher oft, die Pumpe in einem Wasserspeicher außerhalb des Brunnenbeckens unterzubringen. Um ein durch den längeren Transportweg des Wassers reduziertes Umwälzvolumen zu verhindern, muss der Wasserspeicher in unmittelbarer Nähe des Brunnens liegen und die Pumpe jederzeit für Reinigungszwecke zugänglich sein. Am besten werden Pumpe und Wasserspeicher unter einer losen Steinplatte, vielleicht sogar in den Gehweg eingearbeitet, verborgen.

Der Wasserspeicher kann ein kommerziell, speziell für diesen Zweck hergestellter Behälter sein. Die billigere, gleichermaßen effektive Unterbringungsmöglichkeit für die Pumpe besteht allerdings aus einem entsprechend großen Kunststoffcontainer, einem Plastikmülleimer oder auch einem galvanisierten Wasserbecken, wie hier abgebildet. Unabhängig von der Art des Behälters muss das Wasser die Pumpe stets völlig bedecken und der Behälter muss mit dem Brunnenbecken verbunden sein, so dass das Wasser stets zurück in den Wasserspeicher läuft und von dort aus zirkuliert. Wenn allerdings ein optisch ansprechender Wasserspeicher wie ein Trog oder Kübel verfügbar ist, in dem für die Pumpe genug Platz ist, kann dieser auch oberirdisch aufgestellt und ein Teil des Gesamtbildes sein.

Neben einer praktikablen Installation der Pumpe sollte auch der Wand Beachtung geschenkt werden, an welcher der Brunnen befestigt wird, besonders, wenn diese nicht speziell für eine größere Belastung gebaut wurde. Wenn die Wand aus alten Ziegeln oder Steinen besteht, kann ständiges Spritzwasser zum Zerfall führen, weshalb hier zum Anbringen eines Spritzwasserschutzes zu raten ist.

Konstruktion eines Mauerbrunnens

oben ... *Ein sehr ansehnlicher Mauerbrunnen, der mit etwas Kreativität aus einer ausrangierten Viehtränke und einem Trog gestaltet wurde.*

1 Man markiert die Position des Auslassrohres und bohrt dafür ein Loch durch die Wand.

2 Wenn die Rohre verlegt sind, werden alle Verbindungen sorgfältig festgezogen.

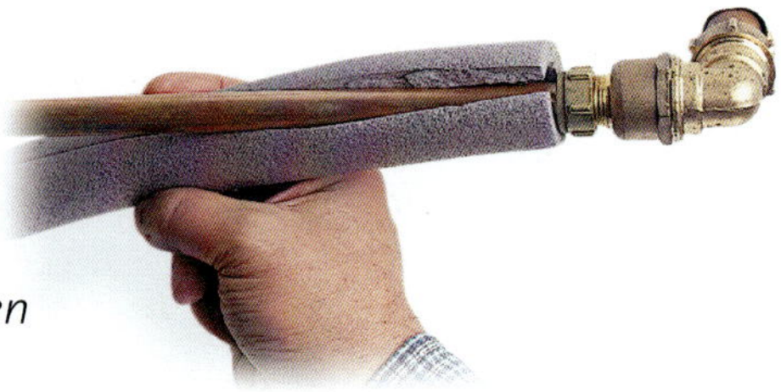

3 Wird wie hier Kupferrohr verwendet und es besteht im Winter Frostgefahr für die Mauer, sollte das Rohr durch eine Isolierung geschützt werden, damit es nicht zu einem Rohrbruch kommt. Besser ist es, die Rohre außerdem im Winter leer laufen zu lassen.

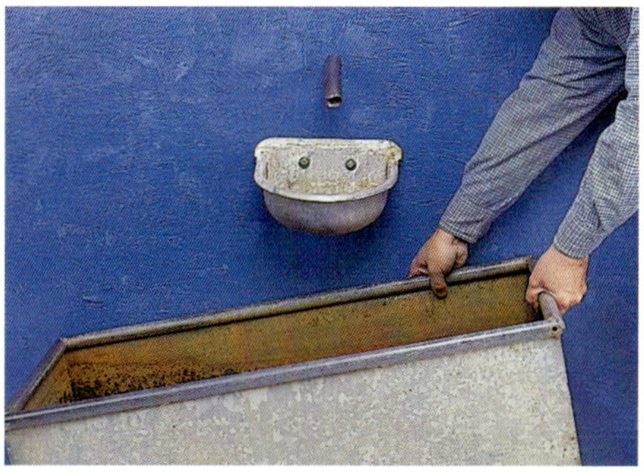

4 Das obere Becken wird nun unterhalb des Wasserauslasses an der Wand befestigt und dann das Auffangbecken auf dem Boden darunter platziert, so dass das überlaufende Wasser darin aufgefangen wird.

5 Dann wird der Auslassschlauch möglichst dicht neben dem Wasserspeicher zurück durch die Wand geführt, damit er später durch die Bepflanzung verdeckt wird. Er muss aber jederzeit leicht zugänglich bleiben.

6 Jetzt wird der Auslassschlauch an die Teichpumpe angeschlossen und diese im Wasserspeicher platziert. Durch sorgfältiges Bepflanzen sollten das Stromkabel und der flexible Schlauch nicht mehr sichtbar sein.

oben ... *In Gartencentern ist eine große Auswahl an Mauerbrunnen erhältlich, die sehr wirkungsvoll und relativ einfach zu installieren sind. Moderne Teichpumpen und simple Leitungssysteme machen es selbst dem unerfahrenen Heimwerker möglich, ein professionelles Ergebnis, wie diese wasserspeiende Schlange, zu erzielen.*

Bau einer unabhängigen Teichfontäne

Handelsübliche Teichfontänen verfügen meistens über eine bereits eingebaute Pumpe. Individuell angelegte, aus zahlreichen interessanten Baustoffen bestehende Systeme haben hingegen gewöhnlich separate Pumpen, die aber in der unmittelbaren Nachbarschaft installiert sind, so dass das Ganze wieder mehr oder weniger eine Einheit bildet.
Für den Bau einer solchen Teichfontäne stehen zahlreiche Baustoffe zur Verfügung. Jede Art von Rohr, ob flexibel oder steif, kann in eine faszinierende Teichfontäne verwandelt werden. Edelstahl-, Blei- und Kupferrohre eignen sich gut für fantasievolle Gebilde, was auch auf Kunststoff-, Gummi- und Plastikschläuche zutrifft. Mit etwas Vorstellungskraft können sie in Kreationen verwandelt werden, die mit ihrer ursprünglichen Funktion kaum noch etwas gemeinsam haben.
Diese Methode ist dabei keineswegs neu: Über Jahrhunderte haben die Gärtner in großen Gärten wie dem von Chatsworth in England oder im Peterhof in Russland aus kunstvoll geschmiedeten Rohren und Schläuchen die wundervollsten Speier und Fontänen produziert, die alle in sich geschlossene Systeme darstellen. Manche davon besaßen sogar einen eigenen, auf Wasserdruck basierenden Antrieb und bewegten sich selbständig durch ihr Becken.
Bambus und Terracotta können ebenfalls für interessante Fontänen und Fließwasseranlagen verwendet werden. Dazu gehören auch miteinander verbundene, wohl durchdachte Arrangements, die Orgelpfeifen ähneln. Durch das sorgfältige Anordnen und Versiegeln einzelner „Pfeifen" direkt unter der Wasseroberfläche können überaus interessante Muster an Wasserbewegungen erzielt werden.

Kupfer – ein Wort der Warnung: *Eine Fontäne aus Kupferrohren wie diese darf NICHT in einem mit Fischen besetzten Teich benutzt werden, da Kupfer mit Wasser reagiert und Substanzen freisetzt, die für die Fische giftig sein können.*

rechts ... *Der Springbrunnen aus Kupferrohren setzt in diesem traditionell spanischen Gartenarrangement einen modernen Akzent und verstärkt durch seinen überraschenden Anblick den optischen Effekt.*

Ein unabhängiger Teichspringbrunnen

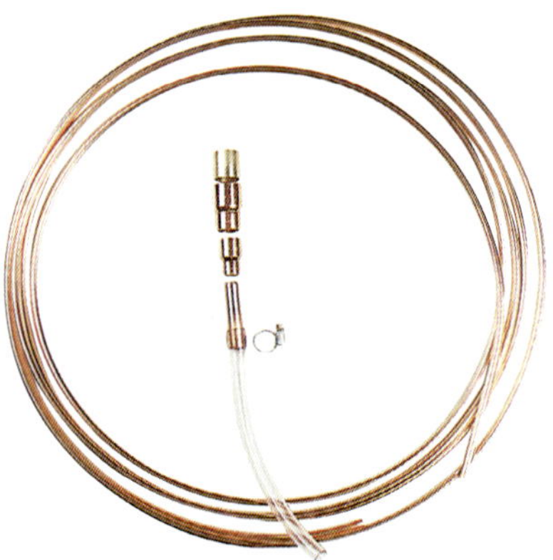

1 Das verwendete Kupferrohr und die Anschlüsse sind nicht teuer und einfach in größeren Heimwerker- und Baumärkten erhältlich.

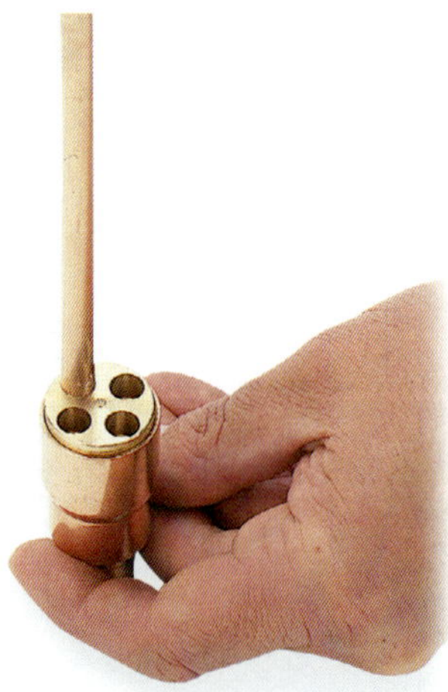

2 Verteiler wie dieser hier sind bestens als Halter für vier symmetrisch angeordnete Auslassrohre geeignet. Jedes der Kupferrohre passt perfekt in eine Öffnung.

3 Der Verteiler wird über ein Reduzierstück mit der Hauptleitung verbunden und die vier Kupferrohre werden in Position gebracht.

4 Die Rohre werden mit einer Lötlampe und Flussmittel mit dem Verteiler verlötet.

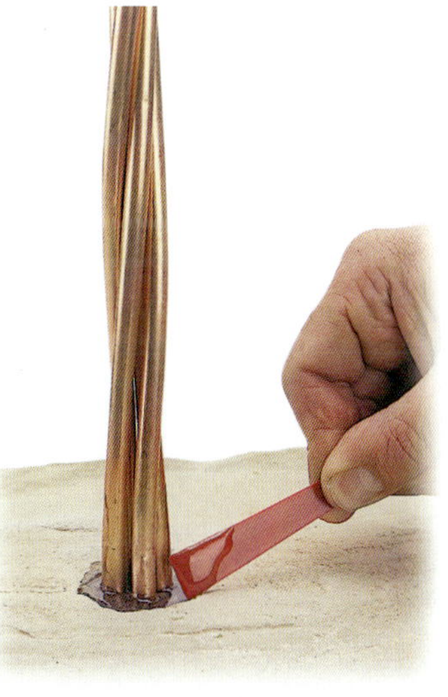

5 Die vier Rohre werden vorsichtig umeinander verdreht, ähnlich wie beim Flechten eines Zopfs. Um ein gleichmäßiges Aussehen zu erzielen, arbeitet man dabei von unten nach oben.

6 Ist ein ausreichend hohes Mittelstück entstanden, werden die Rohre vorsichtig versetzt nach außen gebogen, so dass ein gleichmäßiges Kopfstück entsteht.

7 Als Fuß dient eine Steinfliese, durch die ein Loch gebohrt wird, in dem der Verteiler mit wasserfestem Epoxidharz eingegossen wird.

unten ... *Der fertige Springbrunnen. Die Pumpe befindet sich auf dem Grund des Gewässers in dem die Steinfliese tragenden Sockel und ist durch einen flexiblen Schlauch mit dem Verteiler verbunden.*

Anlegen eines Topfbrunnens

Der Gebrauch von Töpfen als Springbrunnen ist weit verbreitet. Sie sind vielseitig verwendbar, dekorativ, transportabel und auch für Kleinkinder ziemlich sicher. Manchmal werden sie zur Kultivierung einzelner Wasserpflanzen benutzt, aber am attraktivsten sind sie als Springbrunnen. Man installiert eine kleine Teichpumpe auf dem Boden eines dekorativen Topfes und erzielt so eine kleine Fontäne oder einen Sprudeleffekt. Eine unter der Auslassdüse befestigte Unterwasserbeleuchtung kann im Dunkeln aufregende optische Effekte erzeugen.

Die meisten Töpfe haben Abflusslöcher im Boden, was scheinbar ein Problem darstellt, tatsächlich aber von Vorteil ist, denn das größte Problem bei einer Pumpe ist das Stromkabel: es ist unerlässlich, aber nur schwer zu verstecken. Das Loch im Topfboden kann nun als Durchlass für das Kabel dienen und wird dann einfach mit Silikon wasserdicht versiegelt.

Nicht alle Topfbrunnen sind völlig in sich geschlossene Systeme. Wenn große Wassermengen bewegt werden sollen, ist das mit einer Pumpe im Topf nicht mehr zu bewerkstelligen. Hier wird der Topfbrunnen über einem die Pumpe beherbergenden Wasserspeicher aufgestellt, und anstatt des Stromkabels der Pumpe wird der Schlauch mit der Auslassdüse durch das Loch im Topfboden verlegt.

Neben Töpfen werden auch gerne halbierte Fässer und Kübel für derartige Springbrunnen verwendet. Manchmal handelt es sich dabei um einfache Fontänen in einem wassergefüllten Kübel, in anderen Fällen sprudelt das Wasser über Kieselsteine.

oben ... *Obwohl Topfbrunnen meistens als einzeln stehende Ornamente Verwendung finden, sind sie auch als in die Gartenlandschaft integrierte Fokuspunkte sehr wirkungsvoll.*

Konstruktion eines Topfbrunnens

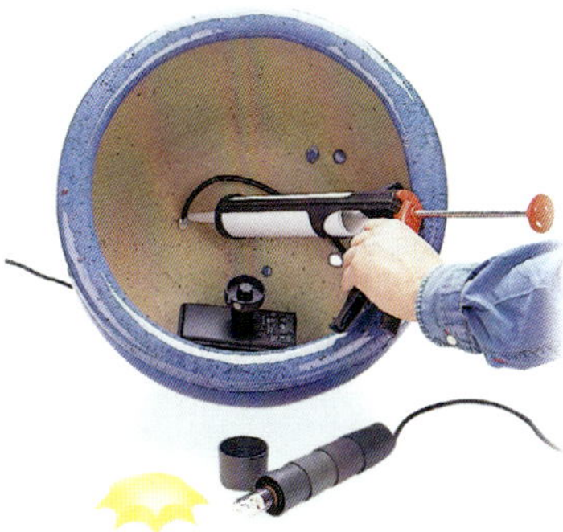

1 Wenn der Topf ein Abflussloch hat, wird dies zum versteckten Verlegen des Stromkabels nach außen genutzt und dann wasserdicht versiegelt.

2 Eine kleine Teichpumpe wird in der Mitte des Bodens platziert. Falls ihr Standort erhöht sein muss, dient ein umgedrehter Plastikblumentopf als Sockel.

3 Es gibt sehr schöne Auslassdüsen mit eingebautem Halogenstrahler. Dieser passt wie eine Hülse über den Wasserauslass der Pumpe.

4 Als Unterlage für den hier verwendeten Glasbruch wird ein Drahtgitter angepasst. Manchmal müssen (wie hier) zwei miteinander verdrahtete Gitter benutzt werden.

5 Ein sauber zugeschnittenes Stück grober Metallgaze mit einem Loch in der Mitte wird über die Auslaßdüse gestreift und fest über den Gitterrost gespannt oder nötigenfalls mit kleinen Drahtstücken daran befestigt.

6 Dann folgen der Glasbruch als Abdeckung und der Lampenschirm, der auf die Auslassdüse aufgesteckt wird. Verschiedenfarbiger Glasbruch ist in Gartencentern erhältlich, aber Vorsicht, die Teile sind scharfkantig.

rechts ... Der fertige, fließende und beleuchtete Topfbrunnen als perfekter Blickfang für den Wintergarten oder die Terrasse.

Der Wasserstand muss wegen der hohen Verdunstung bei Brunnen regelmäßig überprüft werden.

Anlegen eines Baumwasserspeiers

Gartenarbeit soll Spaß machen und nicht nur der Kultivierung von Pflanzen dienen, sondern auch die Kreation aufregender und einfallsreicher Gartenstrukturen beinhalten. Viele der öffentlichen Gartenanlagen in Europa brachten in den letzten Jahrhunderten faszinierende, oft gut konstruierte, effektvolle Kunstwerke hervor, die manchmal sogar Überraschungen verbargen. Mit optisch an die Vegetation angepassten Schläuchen wurden so auch „wasserspeiende Bäume“ geschaffen, die sehr überzeugend aussahen. Sie galten in vielen Gärten als Modegags. Der ahnungslose Besucher trat auf einen im Weg versteckten Auslöser, der den Wasserfluß aktivierte und wurde furchtbar nass!
Derartig grobe Scherze sind heute nicht mehr gefragt, aber die Kombination von natürlichen Objekten mit Wasserspielereien kann nach wie vor sowohl erbaulich als auch amüsant sein. Bäume und deren Äste besitzen die perfekte Struktur zur Anlage von interessanten Formen. Mit ihren natürlichen Biegungen und Windungen sind sie für eine Wasserspielerei bestens geeignet. Wenn nötig können sie sogar beschnitten oder anderweitig verändert und so dem Gartendesign angepasst werden. Sicher und unauffällig an den Ästen befestigte Schläuche und Rohre können eine unterhaltsame und natürlich wirkende Kreation schaffen.
Für den zeitgenössischen Garten können auch lebhaft gefärbte und dadurch augenfällige Leitungen benutzt werden, um so einen Beitrag zur „Modernen Kunst“ des 21. Jahrhunderts zu leisten. Neben Bäumen, Ästen und Baumstämmen sollte der erfindungsreiche Wassergärtner auch andere natürliche Baustoffe für Wasserspiele ins Auge fassen. Von Bambusröhren bis zu ausgehöhlten Felsen sind die Möglichkeiten zur Kombination natürlicher mit künstlich hergestellten Produkten zum Bau von einfallsreichen Wasserspielen schier endlos.

Bau eines Baumwasserspeiers

1 Die zahlreichen für diese Konstruktion nötigen Verteiler und Düsen werden mit wasserfester grüner Sprühfarbe eingefärbt.

2 Ein altes, knorriges und trockenes, den Rahmen bildendes Aststück wird von loser Rinde befreit und mit großen Steinen fest in einem Wasserspeicher verankert.

3 Ein Stück grüner Gartenschlauch wird als Hauptleitung entsprechend lang zugeschnitten und an einen Doppelverteiler angeschlossen, an den zwei weitere Schläuche passen.

4 Ein zweites Schlauchstück wird vom Doppelverteiler entlang einer Seite der Astgabel, im Bogen über die Astspitze verlegt und am Ast festgedrahtet. Am Ende wird eine Düse aufgesteckt.

5 Ein weiteres Stück Schlauch wird abgemessen, zur zweiten Astgabel hin verlegt und auf Höhe des zweiten Doppelverteilers so abgeschnitten, dass er bequem in die Schlauchkupplung passt.

6 Die Hauptschläuche werden unterhalb der Doppelverteiler fest am Stamm verdrahtet, so dass sich die Verteiler an die Form der Astgabeln anpassen.

Der Wasserspeier kann mit Kieseln und Farnen verkleidet werden. Das durch die Farnblätter und über die Steine fließende Wasser ist für Auge und Ohr sehr angenehm.

oben ... Dieser Springbrunnen wird mit einer im Wasserspeicher plazierten Teichpumpe betrieben. Die Düsen sind so auszurichten, dass das Wasser zurück in den Wasserspeicher läuft. Alternativ dazu könnte das Arrangement auch direkt über einen Wasserhahn gespeist werden.

7 Die Verteilerschläuche können fantasievoll um die Äste gewickelt werden, wobei die Schlauchdüsen gleichmäßig verteilt sein müssen.

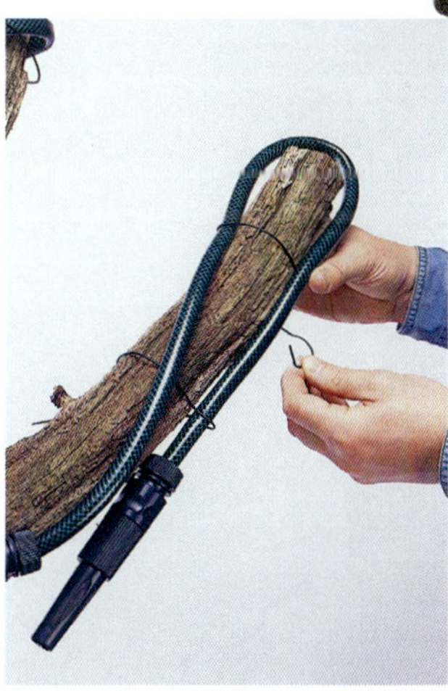

8 Beim Befestigen und Biegen der Schläuche über die Astspitzen dürfen keine Knicke entstehen, denn das würde den Durchfluss des Wassers vermindern.

9 Für den Wintergarten kann der Baum mit künstlichem Blattwerk dekoriert oder mit robusten Rankenpflanzen verkleidet werden, die aber anfangs noch eine Kletterhilfe brauchen.

Pflanzen und Fische

Pflanzen sind für natürliche Ziergewässer sehr wichtig, können jedoch in Fließwasseranlagen Probleme bereiten. Viele Gewächse, besonders Seerosen und andere submers wachsende Pflanzen, mögen überhaupt kein fließendes Wasser und müssen für ein gesichertes Gedeihen so weit wie möglich außerhalb der Strömung angesiedelt werden. Schwimmpflanzen sind ebenfalls nicht gut geeignet, denn sie werden von der Strömung quer durch den Teich getrieben. Kleinblättrige Gewächse wie Algenfarne enden dann häufig nur auf einem verrottenden Haufen.
Die meisten submersen Pflanzen tolerieren fließendes Wasser, doch werden die von den attraktiveren Arten über die Wasseroberfläche hinaus getriebenen schönen Blüten oftmals wieder unter Wasser gezogen, noch bevor man sich an ihnen erfreuen kann. Die relativ wenigen Arten, die völlig submers wachsen, fühlen sich in Fließgewässern ausgesprochen wohl, jedoch kann es hier bei einer unbedachten Positionierung der Pflanzen Probleme mit der Pumpenpflege geben.
Die am besten für Fließgewässer geeigneten Wasserpflanzen sind somit Uferpflanzen. Zu ihnen gehören Schilfrohr, Binsengewächse, *Iris* und Sumpfdotterblumen, also Pflanzen, die auch in der Natur an Gewässerrändern wachsen und meistens Fließwasser und auch wechselnde Wasserstände tolerieren. Einige davon sind ganz an ein Leben an Bachrändern angepaßt.

oben ... *Es ist nützlich, einen Wasserteil mit Fischen zu besetzen, da diese zum Beispiel Mückenlarven unter Kontrolle halten. Koi sind Favoriten für große Teiche, denn sie lieben fließendes Wasser, können aber empfindliche Pflanzen stören.*

Empfohlene Pflanzen

	Höhe	Ausbreitung	Wachstums-/Blütezeit
Ried- und Binsengewächse			
Butomus umbellatus;	*60-90 cm;*	*30-45 cm;*	*Spätsommer*
Carex pendula;	*90-120 cm;*	*45-60 cm;*	*Sommer*
Juncus effusus *„spiralis"*;	*30-45 cm;*	*15-25 cm;*	*Sommer*
Schoenoplectus tabernaemontani *„zebrinus"*;	*90-120 cm;*	*45-60 cm;*	*Sommer*
Typha minima;	*45 cm;*	*15-20 cm;*	*Sommer*
Iris			
Iris laevigata;	*60-90 cm;*	*30-45 cm;*	*Mittsommer*
I. laevigata *„variegata"*	*60-75 cm;*	*30-40 cm;*	*Sommer*
I. pseudacorus;	*90-1230 cm;*	*45-60 cm;*	*Mittsommer*
I. pseudacorus *„variegata"*;	*60-75 cm;*	*30-40 cm;*	*Sommer*
I. versicolor *„kermesina"*;	*60-75 cm;*	*30-40 cm;*	*Mittsommer*
Uferpflanzen			
Calla palustris;	*15-30 cm;*	*15-30 cm;*	*Sommer*
Caltha palustris;	*30-60 cm;*	*15-30 cm;*	*Frühjahr*
Myosotis scorpioides;	*20-25 cm;*	*10-15 cm;*	*Sommer*
Pontederia cordata;	*60-90 cm;*	*30-45 cm;*	*Sommer*
Veronica beccabunga;	*15-20 cm;*	*10 cm;*	*Sommer*
	Wassertiefe;	Hauptwachstums-/Blütezeit	
Submerse Pflanzen			
Hottonia palustris;	*bis zu 90 cm;*	*Sommer*	
Lagarosiphon major;	*bis zu 1.5 m;*	*Sommer*	
Myriophyllum spicatum;	*bis zu 90 cm;*	*Sommer*	
Potamogeton crispus;	*bis zu 60 cm;*	*Sommer*	
Ranunculus aquatilis;	*bis zu 60 cm;*	*Sommer*	

links ... *Uferpflanzen wie das Hechtkraut,* Pontederia cordata, *sind für die Randbepflanzung von Fließgewässern unbezahlbar. Als natürliche Uferpflanzen tolerieren sie Strömung und wechselnde Wasserstände.*

Während Pflanzen in Bezug auf die Erhaltung einer gesunden Umgebung keine Pflicht, sondern eher ein Bonus sind, sieht das bei Fischen etwas anders aus. Jedes offene Gewässer ist ein Heim für Mückenlarven, und die effektivste Kontrollmöglichkeit für diese Plage sind Goldfische. Alle Zierfische für den Gartenteich sind auch bestens für Fließgewässer geeignet. Besonders Goldorfen lieben das Spritzen von Wasserfontänen und -fällen und gehören zu den am besten sichtbaren Arten. Es ist generell nicht ratsam, Schleierschwanzgoldfische in Fließwasser zu setzen, obwohl der Komet-Goldfisch wiederum gut geeignet ist. Ob sich Schleien als Grundfische eignen, ist ebenfalls fraglich. Auf keinen Fall darf das Ziergewässer mit Fischen überbevölkert werden.

Grundlagen der Pflege

Die Pflege eines Ziergewässers unterscheidet sich von der für einen normalen Gartenteich nur darin, dass Pumpen, Schläuche und Auslassdüsen regelmäßig zu reinigen sind. Die Pumpe sollte in regelmäßigen Abständen überprüft und das Filtermaterial ausgewaschen oder ersetzt werden. Bevor die Pumpe über den Winter weggepackt wird, werden alle abnehmbaren Teile entfernt und die Pumpe gründlich ausgewaschen. Dann wird sie getrocknet und sicher verstaut. Die Brunnen- und Überlaufbecken und Wasserspeicher müssen ebenfalls gründlich gewartet werden. In Hinsicht auf Schwebealgen ist zu beachten, daß auch ein gut bepflanztes Ziergewässer stets klar sein sollte, was umso mehr auf Fließgewässer zutrifft. Es muss weiterhin bedacht werden, dass bei frei zirkulierendem Wasser die Verdunstungsrate erhöht ist, weshalb ein regelmäßiges Auffüllen nötig ist, was wiederum einen höheren Mineralsalzgehalt und somit eine stärkere Algenentwicklung zur Folge hat. Um dem entgegenzuwirken, ist zur Anpflanzung zusätzlicher submerser Pflanzen zu raten.

Unter normalen Umständen werden submerse Pflanzen in einer Dichte von etwa neun Pflanzen pro Quadratmeter gesetzt. Hierdurch sichert man sich ein klares Wasser, da die Pflanzen die Mineralsalze aus dem Wasser aufnehmen und den Algen damit die Lebensgrundlage entziehen. Die Eliminierung von Schwebealgen wirkt sich positiv auf das Aussehen eines Fließgewässers aus und verhindert ein Verstopfen von Pumpen und Auslassdüsen.
Algizide sind eine Alternative und oftmals die einzige effektive Waffe zur Kontrolle von Fadenalgen. Da sie höher entwickelt sind als Schwebealgen, sind sie nur selten durch das normalerweise klares Wasser sichernde ökologische Gleichgewicht zu kontrollieren. Es gibt spezielle Algizide, die für Fische ungefährlich sind oder auch ziemlich starke chemische Produkte für fischfreie Gewässer. Obwohl besonders bei unbepflanzten Ziergewässern oft Algizide eingesetzt werden müssen, sollte dies sehr sparsam geschehen. Mit Algiziden behandeltes Wasser ist nicht von derselben guten Qualität wie natürlich klares, und manchmal ist das auch ziemlich deutlich zu sehen.

Stecklinge von submersen Pflanzen

links ... *Algen verheddern sich besonders nach dem Winter in alten submersen Pflanzen. Obwohl submerse Pflanzen eine große Nährstoffkonkurrenz sind und dadurch den Algenwuchs kontrollieren, müssen sie dennoch oft neben den Fadenalgen existieren.*

1 Im Frühjahr werden bei submersen Arten wie Lagarosiphon die verhedderten Stiele und Blätter entfernt.

2 Als Stecklinge eignen sich die frischen jungen Triebe am besten, denn sie wachsen sehr schnell, nachdem sie vom Gewirr der letzten Saison getrennt wurden. Selbst sehr kurze Stielstücke können noch als Stecklinge kultiviert werden.

Im Herbst wird die Pumpe aus dem Wasser genommen und eingelagert. Sie wird in ihre Einzelteile zerlegt, gründlich gewaschen, wieder zusammengebaut und trocken weggepackt. Im Winter kann sie durch eine Teichheizung ersetzt werden.

rechts ... *Wenn Pflanzen- und Fischbesatz ausgewogen sind und gut gepflegt werden, entsteht ein schönes Ziergewässer, das geschmackvolle Bepflanzung und Wasserbewegung in perfekter Harmonie vereint. Bei einem ausgeglichenen Besatz mit submersen und Schwimmpflanzen kommt es selten zu Problemen mit Algen.*

3 Man bindet mehrere Stecklinge locker mit einem schmalen Bleistreifen zu einem Strauß zusammen, der die Pflänzchen mit seinem Gewicht am Grund hält. Massives Blei ist für Fische ungefährlich.

4 Danach werden die Sträuße mit guter schwerer Lehmerde oder Wasserpflanzenerde in Wasserkörbe gepflanzt. Dabei müssen die Bleigewichte mit eingegraben werden, da die Stiele sonst durchfaulen können.

5 Dann wird das Substrat mit Kies bedeckt und zum Entlüften gut gewässert. Dazu werden Korb und Pflanzen völlig im Wasser untergetaucht. Der Korb wird sich schnell mit kräftigen Pflänzchen füllen.

Hygiene und Winterpflege

Neben der Algenkontrolle sollte sich die Wassergartenpflege auf eine generelle Hygiene und Sauberkeit konzentrieren. Ablagerungen auf dem Grund sollten aus dem Wasserteil entfernt werden, was heute mittels eines elektrischen Schlammsaugers relativ einfach ist. Er saugt die Ablagerungen auf und ist bei regelmäßigem Gebrauch sehr effektiv, vorausgesetzt, man lässt keine großen Ansammlungen von Ablagerungen zu.

Blätter können ebenfalls bei mangelnder Teichpflege zum Problem werden. Das gilt nicht nur für die im Herbst ins Wasser fallenden Blätter, sondern auch für die der Wasserpflanzen. Eine Vorsorgemaßnahme ist, im Herbst, noch bevor die Bäume ablauben, ein Netz über den Wasserteil zu spannen. Allerdings fallen die meisten Blätter weniger von oben ins Wasser, sondern werden eher vom umliegenden Boden hineingeweht, weshalb eine vorübergehende niedrige Einzäunung ratsam ist. Diese Maßnahme sollte in Angriff genommen werden, wenn sich die Blätter zu verfärben beginnen. Solch ein Zaun beugt auch einer Störung der Wasserpflanzen vor. Direkt ins Wasser fallende und sich in Wasserfall- und Kaskadenbeckenn ansammelnde Blätter sollten ebenfalls regelmäßig entfernt werden.

Wenn sich der Winter nähert, wird auch die Uferbepflanzung gesäubert und die Pumpe kann, wenn Fische vorhanden sind, gegen eine Teichheizung ausgetauscht werden. Obwohl Zierteichfische sehr robust sind, besteht bei einem längeren Zufrieren des Gewässers die Gefahr, dass sie ersticken. Die Ansammlung von organischen Abfallstoffen auf dem Grund produziert Gase, die normalerweise gefahrlos in die Atmosphäre entweichen. Wenn sie aber unter einer Eisschicht eingeschlossen werden, können die Fische ersticken. Alternativ zu einer Teichheizung kann auch in regelmäßigen Abständen ein halbvoller Topf mit kochendem Wasser auf das Eis gestellt werden, der sich dann „durchschmilzt“ und so einen Teil des Gewässers eisfrei hält. Durch das auf diese Weise entstehende Loch können die Gase entweichen. Das Eis sollte niemals aufgeschlagen werden, denn die dadurch entstehenden Schallwellen können die Fische betäuben oder sogar töten.

rechts ... *Dieser Bachlauf verkörpert alles, was an Wassergärten so wundervoll ist. Ein gut angelegtes Fließgewässer in einem natürlich wirkenden, von herrlichen Wasser- und Sumpfpflanzen begleiteten Arrangement.*

Pflege im Winter

Auf dem Gewässergrund sammeln sich natürlich Blätter an, die über die meiste Zeit des Jahres langsam verrotten. Die so entstehenden Fäulnisgase entweichen in die Luft. Ist das Gewässer aber zugefroren, werden sie eingeschlossen und führen zum Ersticken der Fische.

Vom Herbst bis Frühlingsanfang muss das Laub aus allen Teilen des Gewässers und um dieses herum entfernt werden. Bei abgeschaltetem Wasserfluss sammeln sich Blätter in den Wasserbecken, die leicht in den abschließenden Teich geweht werden können.

Eine ständig eisfreie Zone ist sehr wichtig, damit die durch das Verrotten organischer Stoffe entstehenden Gase abziehen können. Ein auf das Eis gestellter Topf mit heißem Wasser läßt das Eis schmelzen und ist eine gute Lösung.

Inhaltsverzeichnis

Bildnachweis

Eric Crichton Fotos: 4, 7 (Wyvale garden, Chelsea 1997), 8 (Douglas Knight's garden, Chelsea 1993), 9 (Honda Japanese tea garden, Chelsea 1995), 11 links, 12, 17 rechts, 18-19 (Express garden, Design: James Alexander Sinclair, Chelsea 1999), 21 links (Barrington Court kitchen garden, National Trust), 22-23 (Yardley/Express garden, Design: Geoff Whiten, Chelsea 1995), 24, 27 (Design: Tom Stuart-Smith, Chelsea 2000), 34 (Wilcon Relation garden, Design: Geoff Whiten, Chelsea 1999), 49 (Design: Alan Sargent, Chelsea 2000), 54, 63 (Quarryman's garden, Chelsea 1998). – John Glover: 13 rechts, 26 rechts, 35, 37. – S. & O. – Mathews: 1, 10, 17 links, 23 oben, 26 links. – Peter McHoy: 11 rechts.

Clive Nichols Garden Pictures: 3 (Design: M. Upward/R. Mercer), 5 (Design: Graham Robb), 6 (Design: Simon Percival), 15 (Design: Bunny Guinness, Chelsea 1999), 23 unten (Design: Julie Toll), 25 (Design: Myles Challis, Chelsea 1999), 31 (Garden and Security Lighting), 40 (Design: Ulf Nordfjell), 45 (Design: Alan Sargent, Chelsea 1997), 46-47 (Arrow Cottage, Herefordshire), 51 (Design: Lucy Smith), 58-59, 61 (Mr Fraser/Design: J. Treyer Evans). – Neil Sutherland Photography: 13 links, 14, 14-15, 16, 18, 20, 21 rechts, 29, 43, 53, 58.